2021
中国环境统计年鉴
CHINA STATISTICAL YEARBOOK ON ENVIRONMENT

Compiled by
National Bureau of Statistics
Ministry of Ecology and Environment

国家统计局
生态环境部
编

中国环境统计年鉴 . 2021 = CHINA STATISTICAL YEARBOOK ON ENVIRONMENT 2021 : 汉英对照 / 国家统计局 , 生态环境部编 . -- 北京 : 中国统计出版社 , 2021.12
ISBN 978-7-5037-9756-9

Ⅰ . ①中 … Ⅱ . ①国 … ②生 … Ⅲ . ①环境统计－统计资料－中国－ 2021 －年鉴－汉、英 Ⅳ . ① X508.2-54

中国版本图书馆 CIP 数据核字 (2021) 第 262028 号

中国环境统计年鉴 2021

作　　者 / 国家统计局　生态环境部
责任编辑 / 许立舫
封面设计 / 黄　晨
出版发行 / 中国统计出版社
通信地址 / 北京市丰台区西三环南路甲 6 号　邮政编码 /100073
发行电话 / 邮购（010）63376909　书店（010）68783171
网　　址 / http://www.zgtjcbs.com/
印　　刷 / 河北鑫兆源印刷有限公司
经　　销 / 新华书店
开　　本 / 880×1230 毫米　1/16
字　　数 / 532 千字
印　　张 / 16.5
版　　别 / 2021 年 12 月第 1 版
版　　次 / 2021 年 12 月第 1 次印刷
定　　价 / 260.00 元

《中国环境统计年鉴 2021》

编委会和编辑人员

CHINA STATISTICAL YEARBOOK ON ENVIRONMENT 2021

EDITORIAL BOARD AND STAFF

编 者 说 明

一、《中国环境统计年鉴2021》是国家统计局和生态环境部及其他有关部委共同编辑完成的一本反映我国环境各领域基本情况的年度综合统计资料。本书收录了2020年全国各省、自治区、直辖市环境各领域的基本数据和主要年份的全国主要环境统计数据。

二、本书内容共分为十一个部分，即：1. 自然状况；2. 水环境；3. 海洋环境；4. 大气环境；5. 固体废物；6. 自然生态；7. 林业；8. 自然灾害及突发事件；9. 环境投资；10. 城市环境；11. 农村环境。同时附录四个部分：资源环境主要统计指标、东中西部地区主要环境指标、世界主要国家和地区环境统计指标、主要统计指标解释。

三、本书中所涉及的全国性统计指标，除国土面积和森林资源数据外，均未包括香港特别行政区、澳门特别行政区和台湾地区数据；取自国家林业和草原局的数据中，大兴安岭由国家林业和草原局直属管理，与各省、自治区、直辖市并列，数据与其他省没有重复。

四、有关符号说明：

“空格”表示该项统计指标数据不详或无该项数据；

“#”表示是其中的主要项。

五、参与本书编辑的单位还有自然资源部、住房和城乡建设部、交通运输部、水利部、农业农村部、应急管理部、中国气象局、国家林业和草原局。对上述单位有关人员在本书编辑过程中给予的大力支持与合作，表示衷心的感谢。

EDITOR'S NOTES

I. *China Statistical Yearbook on Environment* 2021 is prepared jointly by the National Bureau of Statistics, Ministry of Ecology and Environment and other ministries. It is an annual statistics publication, with comprehensive data in 2020 and selected data series in major years at national level and at provincial level (province, autonomous region, and municipality directly under the central government) and therefore reflecting various aspects of China's environmental development.

II. *China Statistical Yearbook on Environment* 2021 contains 11 chapters: l. Natural Conditions; 2. Freshwater Environment; 3. Marine Environment; 4. Atmospheric Environment; 5. Solid Wastes; 6. Natural Ecology; 7. Forestry; 8. Natural Disasters & Environmental Accidents; 9. Environmental Investment; 10. Urban Environment; 11. Rural Environment. Four appendixes listed as Main Indicators of Resource and Environment; Main Environmental Indicators by Eastern, Central and Western; Main Environmental Indicators of the World's Major Countries and Regions; Explanatory Notes on Main Statistical Indicators.

III. The national data in this book do not include that of Hong Kong Special Administrative Region, Macao Special Administrative Region and Taiwan except for territory and forest resources. The information gathered from National Forestry and Grassland Administration, Daxinganling is affiliated to the National Forestry and Grassland Administration, tied with the provinces, autonomous regions, municipalities under the central government, without duplication of data.

IV. Notations used in this book:

"(blank) " indicates that the data are not available;

" # " indicates the major items of the total.

V. The institutions participating in the compilation of this publication include: Ministry of Natural Resources, Ministry of Housing and Urban-Rural Development, Ministry of Transport, Ministry of Water Resource, Ministry of Agriculture and Rural Affairs, Ministry of Emergency Management, China Meteorological Administration, National Forestry and Grassland Administration. We would like to express our gratitude to these institutions for their cooperation and support in preparing this publication.

目　　录

CONTENTS

一、自然状况

Natural Conditions

二、水环境

Freshwater Environment

三、海洋环境
Marine Environment

四、大气环境
Atmospheric Environment

五、固体废物
Solid Wastes

六、自然生态
Natural Ecology

七、林业
Forestry

八、自然灾害及突发事件
Natural Disasters & Environmental Accidents

九、环境投资
Environmental Investment

十、城市环境
Urban Environment

附录三、世界主要国家和地区环境统计指标
APPENDIX Ⅲ. Main Environmental Indicators of the World's Major Countries and Regions

一、自然状况

Natural Conditions

1-1 自然状况
Natural Conditions

项　　目		Item		2020
国土		Territory		
国土面积	(万平方公里)	Area of Territory	(10 000 sq.km)	960
海域面积	(万平方公里)	Area of Sea	(10 000 sq.km)	473
海洋平均深度	(米)	Average Depth of Sea	(m)	961
海洋最大深度	(米)	Maximum Depth of Sea	(m)	5377
岸线总长度	(公里)	Length of Coastline	(km)	32000
大陆岸线长度		Mainland Shore		18000
岛屿岸线长度		Island Shore		14000
岛屿个数	(个)	Number of Islands		5400
岛屿面积	(万平方公里)	Area of Islands	(10 000 sq.km)	3.87
气候		Climate		
热量分布	(积温≥0℃)	Distribution of Heat (Accumulated Temperature ≥0℃)		
黑龙江北部及青藏高原		Northern Heilongjiang and Tibet Plateau		2000-2500
东北平原		Northeast Plain		3000-4000
华北平原		North China Plain		4000-5000
长江流域及以南地区		Changjiang (Yangtze) River Drainage Area and the Area to the south of it		5800-6000
南岭以南地区		Area to the South of Nanling Mountain		7000-8000
降水量	(毫米)	Precipitation	(mm)	
台湾中部山区		Mid-Taiwan Mountain Area		≥4000
华南沿海		Southern China Coastal Area		1600-2000
长江流域		Changjiang River Valley		1000-1500
华北、东北		Northern and Northeastern Area		400-800
西北内陆		Northwestern Inland		100-200
塔里木盆地、吐鲁番盆地和柴达木盆地		Tarim Basin, Turpan Basin and Qaidam Basin		≤25
气候带面积比例	(国土面积=100)	Percentage of Climatic Zones to Total Area of Territory (Territory Area=100)		
湿润地区	(干燥度<1.0)	Humid Zone	(aridity<1.0)	32
半湿润地区	(干燥度=1.0−1.5)	Semi-Humid Zone	(aridity 1.0-1.5)	15
半干旱地区	(干燥度=1.5−2.0)	Semi-Arid Zone	(aridity 1.5-2.0)	22
干旱地区	(干燥度>2.0)	Arid Zone	(aridity>2.0)	31

注：1.气候资料为多年平均值。
2.岛屿面积未包括香港、澳门特别行政区和台湾地区。

Notes: a) The climate data refer to the average figures in many years.
b) Island area does not include that of Hong Kong Special Administrative Region, Macao Special Administrative Region and Taiwan.

1-2 土地状况(2019年) Land Use(2019)

项 目	Item	面 积 (万平方公里) Area (10 000 sq.km)
耕地	Cultivated Land	127.86
园地	Garden Land	20.17
林地	Forest Land	284.13
草地	Grassland	264.53
湿地	Wetland	23.47
城镇村及工矿用地	Land for Urban, Rural, Industrial and Mining Activities	35.31
交通运输用地	Land Used for Transport	9.55
水域及水利设施用地	Land Used for Water and Water Conservancy Facilities	36.29

注：2019年土地利用数据来源于第三次全国国土调查。
Notes: Data of land use in 2019 were obtained from the third national land survey.

1-3 主要山脉基本情况 Main Mountain Ranges

名 称	Mountain Range	山峰高程(米) Height of Mountain Peak (m)	雪线高程(米) Height of Snow Line (m)	冰川面积 (平方公里) Glacier Area (sq.km)
阿尔泰山	Altay Mountains	4374	3000--3200	287
天山	Tianshan Mountains	7435	3600--4400	9548
祁连山	Qilian Mountains	5826	4300--5240	2063
帕米尔	Pamirs	7579		2258
昆仑山	Kunlun Mountains			11639
喀喇昆仑山	Karakorum Mountain	8611	5100--5400	3265
唐古拉山	Tanggula Mountains	6137		2082
羌塘高原	Qiangtang Plateau	6596		3566
念青塘古拉山	Nyainqentanglha Mountains	7111	4500--5700	7536
横断山	Hengduan Mountains	7556	4600--5500	1456
喜玛拉雅山	The Himalayas	8844	4300--6200	11055
冈底斯山	Gangdisi Mountains	7095	5800--6000	2188

1-4 主要河流基本情况 Major Rivers

名 称	River	流域面积 (平方公里) Drainage Area (sq.km)	河 长 (公里) Length (km)	年径流量 (亿立方米) Annual Flow (100 million cu.m)
长 江	Changjiang River (Yangtze River)	1782715	6300	9857
黄 河	Huanghe River (Yellow River)	752773	5464	592
松 花 江	Songhuajiang River	561222	2308	818
辽 河	Liaohe River	221097	1390	137
珠 江	Zhujiang River (Pearl River)	442527	2214	3381
海 河	Haihe River	265511	1090	163
淮 河	Huaihe River	268957	1000	595

1-5 主要城市气候情况(2020年)
Climate of Major Cities (2020)

城 市	City	年平均气温(摄氏度) Annual Average Temperature (℃)	年极端最高气温(摄氏度) Annual Maximum Temperature (℃)	年极端最低气温(摄氏度) Annual Minimum Temperature (℃)	年平均相对湿度(%) Annual Average Humidity (%)	全年日照时数(小时) Annual Sunshine Hours (hour)	全年降水量(毫米) Annual Precipitation (millimeter)
北 京	Beijing	13.8	37.8	-12.8	52	2441.4	528.0
天 津	Tianjin	13.8	37.6	-14.5	59	2566.1	704.5
石家庄	Shijiazhuang	14.7	38.3	-11.9	58	2338.7	658.1
太 原	Taiyuan	11.2	36.7	-18.4	59	3103.2	547.0
呼和浩特	Hohhot	7.0	35.3	-25.3	49	2817.8	364.2
沈 阳	Shenyang	9.2	34.5	-22.0	63	2705.5	752.4
大 连	Dalian	12.0	31.5	-13.8	63	2400.2	852.6
长 春	Changchun	7.1	35.3	-26.6	66	2538.0	662.0
哈尔滨	Harbin	5.4	34.2	-29.3	70	3421.4	783.3
上 海	Shanghai	17.8	37.6	-6.7	75	1829.9	1555.0
南 京	Nanjing	17.1	37.1	-7.2	77	1703.3	1218.0
杭 州	Hangzhou	18.3	39.0	-5.8	73	1607.8	1665.4
合 肥	Hefei	16.2	37.6	-9.5	82	1818.0	1497.6
福 州	Fuzhou	21.5	40.4	2.7	73	1662.4	1210.5
南 昌	Nanchang	19.1	37.0	-2.8	75	1396.5	2140.7
济 南	Jinan	15.0	38.2	-14.0	57	2970.2	661.8
青 岛	Qingdao	13.9	32.0	-11.2	70	2606.4	1095.9
郑 州	Zhengzhou	16.5	40.8	-6.1	62	1676.9	679.4
武 汉	Wuhan	17.1	37.5	-7.7	81	1653.8	2012.3
长 沙	Changsha	17.5	37.0	-3.8	79	1292.5	1521.0
广 州	Guangzhou	22.7	37.9	1.8	79	1641.7	1890.3
南 宁	Nanning	22.1	37.1	4.8	79	1492.6	1073.0
桂 林	Guilin	20.2	36.6	2.2	73	1106.4	2341.7
海 口	Haikou	25.3	39.2	11.5	80	1742.2	1218.9
重 庆	Chongqing	19.2	40.5	3.4	76	1007.8	1182.9
成 都	Chengdu	16.6	37.7	-2.8	80	927.4	1211.8
贵 阳	Guiyang	14.9	34.3	-3.8	82	1286.5	1380.5
昆 明	Kunming	16.5	31.2	-1.3	69	3281.3	1057.4
拉 萨	Lhasa	9.7	28.2	-11.1	37	3544.7	428.1
西 安	Xi'an	15.2	38.7	-9.4	64	1675.6	622.4
兰 州	Lanzhou	8.1	34.6	-19.8	54	2405.0	223.7
西 宁	Xining	6.1	28.7	-17.3	56	2346.1	427.8
银 川	Yinchuan	10.7	37.4	-20.4	47	2610.8	186.5
乌鲁木齐	Urumqi	8.7	35.9	-20.0	51	2719.4	194.3

资料来源：中国气象局。
注：2004年起，成都站被温江站替代、兰州站被皋兰站替代；2006年起，重庆站被沙坪坝站替代、西安站被泾河站替代。
Source: China Meteorological Administration.
Note:Since 2004, Chengdu station was substituted by Wenjiang station, Lanzhou by Gaolan; Since 2006, Chongqing station was substituted by Shapingba station, Xi'an by Jinghe.

二、水环境

Freshwater Environment

2-1 全国水环境情况(2000-2020年)
Freshwater Environment(2000-2020)

年 份 Year	水资源总量 (亿立方米) Total Amount of Water Resources (100 million cu.m)	地表水资源量 Surface Water Resources	地下水资源量 Ground Water Resources	地表水与地下水资源重复量 Duplicated Amount of Surface Water and Groundwater	降水量 (亿立方米) Precipitation (100 million cu.m)	人均水资源量 (立方米/人) Per Capita Water Resources (cu.m/person)
2000	27701	26562	8502	7363	60092	2193.9
2001	26868	25933	8390	7456	58122	2112.5
2002	28261	27243	8697	7679	62610	2207.2
2003	27460	26251	8299	7090	60416	2131.3
2004	24130	23126	7436	6433	56876	1856.3
2005	28053	26982	8091	7020	61010	2151.8
2006	25330	24358	7643	6671	57840	1932.1
2007	25255	24242	7617	6604	57763	1916.3
2008	27434	26377	8122	7065	62000	2071.1
2009	24180	23125	7267	6212	55959	1816.3
2010	30906	29798	8417	7308	65850	2310.4
2011	23257	22214	7214	6171	55133	1729.1
2012	29529	28373	8296	7141	65150	2180.5
2013	27958	26839	8081	6963	62674	2050.8
2014	27267	26264	7745	6742		1987.6
2015	27963	26901	7797	6735	62569	2026.5
2016	32466	31274	8855	7662	68672	2339.4
2017	28761	27746	8310	7295		2059.9
2018	27463	26323	8247	7107	64618	1957.7
2019	29041	27993	8192	7144	61660	2062.9
2020	31605	30407	8554	7355	66899	2239.8

注：1.2011年原环境保护部对统计制度中的指标体系、调查方法及相关技术规定等进行了修订，统计范围扩展为工业源、农业源、城镇生活源、机动车、集中式污染治理设施5个部分。

2.以第二次全国污染源普查成果为基准，生态环境部依法组织对2016-2019年污染源统计初步数据进行了更新，2016年之后数据与以前年份不可比。统计调查对象为全国排放污染物的工业源、农业源、生活源、集中式污染治理设施、机动车。其中，农业源包括大型畜禽养殖场，生活源包括第三产业以及城镇居民生活源。

3.2020年生态环境部对排放源统计调查的部分调查范围、指标及方式方法进行了修订。废水污染物农业源由大型畜禽养殖场扩展至种植业、畜禽养殖业(含规模养殖场及规模以下养殖户)和水产养殖业；生活源由第三产业以及城镇居民生活源扩展至第三产业以及城镇、农村居民生活源。

Note: a)In 2011, indicators of statistical system, method of survey, and related technologies were revised by the former Ministry of Environmental Protection, statistical scope expands to 5 parts: industry source, agriculture source, urban domestic source, vehicle and centralized pollution control facilities.

b)Reference to the benchmarks of the Second National Pollution Sources Census, the Ministry of Ecology and Environment has adjusted and updated relevant data of pollution sources in 2016-2019, which are not comparable to the data of previous years. The statistical scope inclues industry source, agriculture source, domestic source, vehicle and centralized pollution control facilities. The agriculture source includes livestock and poultry farm in large scale. The domestic source includes tertiary industry and urban domestic source.

c)In 2020, the scope, indicators and method of the survey of emission sources were revised by the Ministry of Ecology and Environment. For wastewater discharge, the agriculture source was expanded from livestock and poultry farm in large scale to planting industry, livestock and poultry industry(which includes large scale farm and small scale farmer) and aquaculture industry. Domestic source was expanded from tertiary industry and urban domestic source to tertiary industry and urban and rural domestic source.

2-1 续表 1 continued 1

年 份 Year	供水总量(亿立方米) Total Amount of Water Supply (100 million cu.m)	地表水 Surface Water	地下水 Ground-water	其他 Other	用水总量(亿立方米) Total Amount of Water Use (100 million cu.m)	农业用水 Agriculture	工业用水 Industry
2000	5530.7	4440.4	1069.2	21.1	5497.6	3783.5	1139.1
2001	5567.4	4450.7	1094.9	21.9	5567.4	3825.7	1141.8
2002	5497.3	4404.4	1072.4	20.5	5497.3	3736.2	1142.4
2003	5320.4	4286.0	1018.1	16.3	5320.4	3432.8	1177.2
2004	5547.8	4504.2	1026.4	17.2	5547.8	3585.7	1228.9
2005	5633.0	4572.2	1038.8	22.0	5633.0	3580.0	1285.2
2006	5795.0	4706.7	1065.5	22.7	5795.0	3664.4	1343.8
2007	5818.7	4723.9	1069.1	25.7	5818.7	3599.5	1403.0
2008	5910.0	4796.4	1084.8	28.7	5910.0	3663.5	1397.1
2009	5965.2	4839.5	1094.5	31.2	5965.2	3723.1	1390.9
2010	6022.0	4881.6	1107.3	33.1	6022.0	3689.1	1447.3
2011	6107.2	4953.3	1109.1	44.8	6107.2	3743.6	1461.8
2012	6131.2	4952.8	1133.8	44.6	6131.2	3902.5	1380.7
2013	6183.4	5007.3	1126.2	49.9	6183.4	3921.5	1406.4
2014	6094.9	4920.5	1116.9	57.5	6094.9	3869.0	1356.1
2015	6103.2	4969.5	1069.2	64.5	6103.2	3852.2	1334.8
2016	6040.2	4912.4	1057.0	70.8	6040.2	3768.0	1308.0
2017	6043.4	4945.5	1016.7	81.2	6043.4	3766.4	1277.0
2018	6015.5	4952.7	976.4	86.4	6015.5	3693.1	1261.6
2019	6021.2	4982.5	934.2	104.5	6021.2	3682.3	1217.6
2020	5812.9	4792.3	892.5	128.1	5812.9	3612.4	1030.4

2-1 续表 2 continued 2

年 份 Year	生活用水 Household and Service	人工生态环境补水 Artificial Eco-environment	人均用水量 (立方米) Water Use per Capita (cu.m)	废水排放总量 (亿吨) Waste Water Discharge (100 million tons)	#工业 Industrial Discharge	#生活 Domestic Discharge
2000	574.9		435.4	415.2	194.2	220.9
2001	599.9		437.7	432.9	202.6	230.2
2002	618.7		429.3	439.5	207.2	232.3
2003	630.9	79.5	412.9	459.3	212.3	247.0
2004	651.2	82.0	428.0	482.4	221.1	261.3
2005	675.1	92.7	432.1	524.5	243.1	281.4
2006	693.8	93.0	442.0	536.8	240.2	296.6
2007	710.4	105.7	441.5	556.8	246.6	310.2
2008	729.3	120.2	446.2	571.7	241.7	330.0
2009	748.2	103.0	448.1	589.1	234.4	354.7
2010	765.8	119.8	450.2	617.3	237.5	379.8
2011	789.9	111.9	454.1	659.2	230.9	427.9
2012	739.7	108.3	452.8	684.8	221.6	462.7
2013	750.1	105.4	453.6	695.4	209.8	485.1
2014	766.6	103.2	444.3	716.2	205.3	510.3
2015	793.5	122.7	442.3	735.3	199.5	535.2
2016	821.6	142.6	435.2			
2017	838.1	161.9	432.8			
2018	859.9	200.9	428.8			
2019	871.7	249.6	427.7			
2020	863.1	307.0	411.9			

2-1 续表 3 continued 3

年 份 Year	化学需氧量排放总量（万吨） COD Discharge (10 000 tons)	#工业 Industrial Discharge	#生活 Domestic Discharge	氨 氮 排放量（万吨） Ammonia Nitrogen Discharge (10 000 tons)	#工业 Industrial Discharge	#生活 Domestic Discharge
2000	1445.0	704.5	740.5			
2001	1404.8	607.5	797.3	125.2	41.3	83.9
2002	1366.9	584.0	782.9	128.8	42.1	86.7
2003	1333.9	511.8	821.1	129.6	40.4	89.2
2004	1339.2	509.7	829.5	133.0	42.2	90.8
2005	1414.2	554.7	859.4	149.8	52.5	97.3
2006	1428.2	541.5	886.7	141.4	42.5	98.9
2007	1381.8	511.1	870.8	132.3	34.1	98.3
2008	1320.7	457.6	863.1	127.0	29.7	97.3
2009	1277.5	439.7	837.9	122.6	27.4	95.3
2010	1238.1	434.8	803.3	120.3	27.3	93.0
2011	2499.9	354.8	938.8	260.4	28.1	147.7
2012	2423.7	338.5	912.8	253.6	26.4	144.6
2013	2352.7	319.5	889.8	245.7	24.6	141.4
2014	2294.6	311.4	864.4	238.5	23.2	138.2
2015	2223.5	293.5	846.9	229.9	21.7	134.1
2016	658.1	122.8	473.5	56.8	6.5	48.4
2017	608.9	91.0	483.8	50.9	4.4	45.4
2018	584.2	81.4	476.8	49.4	4.0	44.7
2019	567.1	77.2	469.9	46.3	3.5	42.1
2020	2564.8	49.7	918.9	98.4	2.1	70.7

2-2 各流域水资源情况(2020年)
Water Resources by River Valley (2020)

单位：亿立方米 (100 million cu.m)

流域片	River Valley	水资源总量 Total Amount of Water Resources	地表水资源量 Surface Water Resources	地下水资源量 Ground Water Resources	地表水与地下水资源重复量 Duplicated Amount of Surface Water and Groundwater	降水量（毫米） Precipitation (millimeter)
全　国	**National Total**	**31605.2**	**30407.0**	**8553.5**	**7355.3**	**706.5**
松花江区	Songhuajiang River	2253.1	1950.5	647.3	344.7	649.4
辽河区	Liaohe River	565.0	470.3	200.0	105.3	589.4
海河区	Haihe River	283.1	121.5	238.5	76.9	552.4
黄河区	Huanghe River	917.4	796.2	451.6	330.4	507.3
淮河区	Huaihe River	1303.6	1042.5	463.1	202.0	1060.9
长江区	Changjiang River	12862.9	12741.7	2823.0	2701.8	1282.0
#太湖	Taihu Lake	313.1	292.3	54.5	33.7	1543.4
东南诸河区	Southeastern Rivers	1677.3	1665.1	429.4	417.2	1582.3
珠江区	Zhujiang River	4669.0	4655.2	1068.7	1054.9	1540.5
西南诸河区	Southwestern Rivers	5751.1	5751.1	1412.4	1412.4	1091.9
西北诸河区	Northwestern Rivers	1322.8	1213.1	819.6	709.9	159.6

资料来源:水利部(以下各表同)。
Source:Ministry of Water Resource (the same as in the following tables).

2-3 各流域供水和用水情况(2020年)
Water Supply and Use by River Valley (2020)

单位：亿立方米 (100 million cu.m)

流域片	River Valley	供水总量 Total Amount of Water Supply	地表水 Surface Water	地下水 Groundwater	其 他 Other
全 国	**National Total**	**5812.9**	**4792.3**	**892.5**	**128.1**
松花江区	Songhuajiang River	449.1	276.1	168.1	4.9
辽河区	Liaohe River	191.0	88.8	95.2	7.0
海河区	Haihe River	372.0	192.5	147.8	31.7
黄河区	Huanghe River	392.7	263.7	110.5	18.5
淮河区	Huaihe River	600.8	438.2	141.2	21.5
长江区	Changjiang River	1957.6	1891.0	40.3	26.3
#太湖	Taihu Lake	333.5	325.4	0.1	8.0
东南诸河区	Southeastern Rivers	295.1	287.2	3.6	4.3
珠江区	Zhujiang River	772.9	741.4	23.9	7.6
西南诸河区	Southwestern Rivers	106.1	100.8	4.2	1.0
西北诸河区	Northwestern Rivers	675.7	512.5	157.8	5.3

2-3 续表 continued

单位：亿立方米 (100 million cu.m)

流域片	River Valley	用水总量 Total Amount of Water Use	农业用水 Agriculture	工业用水 Industry	生活用水 Household and Service	人工生态环境补水 Artificial Eco-environment
全 国	**National Total**	**5812.9**	**3612.4**	**1030.4**	**863.1**	**307.0**
松花江区	Songhuajiang River	449.1	372.7	28.5	27.8	20.1
辽河区	Liaohe River	191.0	128.7	19.9	30.5	11.9
海河区	Haihe River	372.0	199.5	41.3	65.8	65.4
黄河区	Huanghe River	392.7	262.6	46.3	53.3	30.4
淮河区	Huaihe River	600.8	391.5	76.2	94.4	38.8
长江区	Changjiang River	1957.6	981.8	599.8	330.2	45.7
#太湖	Taihu Lake	333.5	72.6	198.0	59.5	3.5
东南诸河区	Southeastern Rivers	295.1	145.3	67.7	67.1	15.0
珠江区	Zhujiang River	772.9	472.3	127.7	160.3	12.6
西南诸河区	Southwestern Rivers	106.1	84.9	7.0	12.1	2.0
西北诸河区	Northwestern Rivers	675.7	573.0	16.1	21.5	65.1

2-4 各地区水资源情况(2020年)
Water Resources by Region(2020)

单位：亿立方米 (100 million cu.m)

地区	Region	水资源总量 Total Amount of Water Resources	地表水资源量 Surface Water Resources	地下水资源量 Ground Water Resources	地表水与地下水资源重复量 Duplicated Amount of Surface Water and Groundwater	降水量(毫米) Precipi-tation (millimeter)	人均水资源量(立方米/人) per Capita local Water Resources (cu.m/person)
全国	**National Total**	**31605.2**	**30407.0**	**8553.5**	**7355.3**	**706.5**	**2239.8**
北京	Beijing	25.8	8.2	22.3	4.7	560.0	117.8
天津	Tianjin	13.3	8.6	5.8	1.1	534.4	96.0
河北	Hebei	146.3	55.7	130.3	39.7	546.7	196.2
山西	Shanxi	115.2	72.2	85.9	42.9	561.3	329.8
内蒙古	Inner Mongolia	503.9	354.2	243.9	94.2	311.2	2091.7
辽宁	Liaoning	397.1	357.7	115.2	75.8	748.0	930.8
吉林	Jilin	586.2	504.8	169.4	88.0	769.1	2418.8
黑龙江	Heilongjiang	1419.9	1221.5	406.5	208.1	723.1	4419.2
上海	Shanghai	58.6	49.9	11.6	2.9	1554.6	235.9
江苏	Jiangsu	543.4	486.6	137.8	81.0	1236.0	641.3
浙江	Zhejiang	1026.6	1008.8	224.4	206.6	1701.0	1598.7
安徽	Anhui	1280.4	1193.7	228.6	141.9	1665.6	2099.5
福建	Fujian	760.3	759.0	243.5	242.2	1439.1	1832.5
江西	Jiangxi	1685.6	1666.7	386.0	367.1	1853.1	3731.3
山东	Shandong	375.3	259.8	201.8	86.3	838.1	370.3
河南	Henan	408.6	294.8	185.8	72.0	874.3	411.9
湖北	Hubei	1754.7	1735.0	381.6	361.9	1642.6	3006.7
湖南	Hunan	2118.9	2111.2	466.1	458.4	1726.8	3189.9
广东	Guangdong	1626.0	1616.3	399.1	389.4	1574.1	1294.9
广西	Guangxi	2114.8	2113.7	445.4	444.3	1669.4	4229.2
海南	Hainan	263.6	260.6	74.6	71.6	1641.1	2626.8
重庆	Chongqing	766.9	766.9	128.7	128.7	1435.6	2397.7
四川	Sichuan	3237.3	3236.2	649.1	648.0	1055.0	3871.9
贵州	Guizhou	1328.6	1328.6	281.0	281.0	1417.4	3448.2
云南	Yunnan	1799.2	1799.2	619.8	619.8	1157.2	3813.5
西藏	Tibet	4597.3	4597.3	1045.7	1045.7	600.6	126473.2
陕西	Shaanxi	419.6	385.6	146.7	112.7	690.5	1062.4
甘肃	Gansu	408.0	396.0	158.2	146.2	334.4	1628.7
青海	Qinghai	1011.9	989.5	437.3	414.9	367.1	17107.4
宁夏	Ningxia	11.0	9.0	17.8	15.8	309.7	153.0
新疆	Xinjiang	801.0	759.6	503.5	462.1	141.7	3111.3

2-5 各地区供水和用水情况(2020年)
Water Supply and Use by Region (2020)

单位：亿立方米 (100 million cu.m)

地区	Region	供水总量 Total Amount of Water Supply	地表水 Surface Water	地下水 Ground-water	其他 Other	用水总量 Total Amount of Water Use	农业用水 Agriculture
全国	**National Total**	**5812.9**	**4792.3**	**892.5**	**128.1**	**5812.9**	**3612.4**
北京	Beijing	40.6	15.1	13.5	12.0	40.6	3.2
天津	Tianjin	27.8	19.2	3.0	5.6	27.8	10.3
河北	Hebei	182.8	84.8	88.2	9.8	182.8	107.7
山西	Shanxi	72.8	39.5	27.7	5.5	72.8	41.0
内蒙古	Inner Mongolia	194.4	105.7	81.6	7.1	194.4	140.0
辽宁	Liaoning	129.3	72.9	50.8	5.7	129.3	79.6
吉林	Jilin	117.7	79.5	36.0	2.3	117.7	83.0
黑龙江	Heilongjiang	314.1	182.9	129.4	1.8	314.1	278.4
上海	Shanghai	97.5	97.4		0.1	97.5	15.2
江苏	Jiangsu	572.0	556.0	4.3	11.7	572.0	266.6
浙江	Zhejiang	163.9	159.7	0.3	4.0	163.9	73.9
安徽	Anhui	268.3	233.8	28.7	5.8	268.3	144.5
福建	Fujian	183.0	177.8	3.4	1.8	183.0	99.7
江西	Jiangxi	244.1	235.8	6.0	2.3	244.1	161.9
山东	Shandong	222.5	135.7	75.0	11.9	222.5	134.0
河南	Henan	237.1	120.8	105.8	10.6	237.1	123.5
湖北	Hubei	278.9	273.8	4.6	0.4	278.9	139.1
湖南	Hunan	305.1	297.9	4.8	2.4	305.1	195.8
广东	Guangdong	405.1	390.4	11.1	3.6	405.1	210.9
广西	Guangxi	261.1	249.8	9.1	2.2	261.1	186.9
海南	Hainan	44.0	42.6	1.1	0.3	44.0	33.4
重庆	Chongqing	70.1	64.6	1.0	4.6	70.1	29.0
四川	Sichuan	236.9	227.8	7.9	1.1	236.9	153.9
贵州	Guizhou	90.1	87.1	2.0	1.0	90.1	51.8
云南	Yunnan	156.0	149.9	3.8	2.3	156.0	110.0
西藏	Tibet	32.2	28.5	3.6	0.1	32.2	27.4
陕西	Shaanxi	90.6	55.7	30.9	4.0	90.6	55.6
甘肃	Gansu	109.9	82.1	23.6	4.2	109.9	83.7
青海	Qinghai	24.3	18.9	4.8	0.5	24.3	17.7
宁夏	Ningxia	70.2	63.6	6.1	0.5	70.2	58.6
新疆	Xinjiang	570.4	442.9	124.3	3.1	570.4	496.2

2-5 续表 continued

单位：亿立方米 (100 million cu.m)

地区 Region	工业用水 Industry	生活用水 Household and Service	人工生态环境补水 Artificial Eco-environment	人均用水量（立方米） Water Use per Capita (cu.m)
全国 National Total	**1030.4**	**863.1**	**307.0**	**411.9**
北京 Beijing	3.0	17.2	17.2	185.4
天津 Tianjin	4.5	6.6	6.4	200.6
河北 Hebei	18.2	27.0	29.9	245.2
山西 Shanxi	12.4	14.6	4.8	208.4
内蒙古 Inner Mongolia	13.4	11.6	29.4	807.0
辽宁 Liaoning	16.9	25.4	7.4	303.1
吉林 Jilin	10.0	13.3	11.4	485.7
黑龙江 Heilongjiang	18.5	14.9	2.3	977.6
上海 Shanghai	57.9	23.6	0.8	392.4
江苏 Jiangsu	236.9	63.7	4.8	675.1
浙江 Zhejiang	35.7	47.4	7.0	255.2
安徽 Anhui	80.4	35.1	8.3	439.9
福建 Fujian	41.1	33.0	9.3	441.1
江西 Jiangxi	50.4	28.8	3.2	540.3
山东 Shandong	31.9	37.5	19.1	219.5
河南 Henan	35.6	43.1	35.0	239.0
湖北 Hubei	77.6	50.3	11.8	477.9
湖南 Hunan	58.0	44.4	6.9	459.3
广东 Guangdong	80.4	107.9	6.0	322.6
广西 Guangxi	34.7	35.4	4.1	522.1
海南 Hainan	1.5	8.0	1.1	438.5
重庆 Chongqing	17.1	22.4	1.7	219.2
四川 Sichuan	23.5	53.6	5.9	283.3
贵州 Guizhou	18.7	18.0	1.7	233.8
云南 Yunnan	16.5	25.1	4.4	330.6
西藏 Tibet	1.2	3.3	0.3	885.8
陕西 Shaanxi	10.9	18.9	5.2	229.4
甘肃 Gansu	6.2	9.3	10.7	438.7
青海 Qinghai	2.4	3.0	1.1	410.8
宁夏 Ningxia	4.2	3.7	3.7	976.4
新疆 Xinjiang	10.7	17.3	46.2	2215.6

2-6 流域分区河流水质状况评价结果(按评价河长统计)(2020年)
Evaluation of River Water Quality by River Valley (by River Length) (2020)

流域分区	River	评价河长(千米) Evaluate Length (km)	分类河长占评价河长百分比(%) Classify River length of Evaluate Length (%)					
			Ⅰ类 Grade Ⅰ	Ⅱ类 Grade Ⅱ	Ⅲ类 Grade Ⅲ	Ⅳ类 Grade Ⅳ	Ⅴ类 Grade Ⅴ	劣Ⅴ类 Worse than Grade Ⅴ
全　国	**National Total**	**247169**	**7.2**	**52.6**	**24.0**	**9.6**	**3.2**	**3.4**
松花江区	Songhuajiang River	29038	0.2	21.1	45.0	25.6	6.0	2.1
辽河区	Liaohe River	8493	9.7	35.1	24.9	17.5	8.0	4.8
海河区	Haihe River	16997	3.5	38.2	22.1	15.3	9.4	11.5
黄河区	Huanghe River	20843	7.7	50.8	18.5	5.7	4.2	13.1
淮河区	Huaihe River	18932		15.8	49.0	25.2	5.9	4.1
长江区	Changjiang River	76073	7.1	63.8	22.0	5.1	1.1	0.9
#太湖	Taihu Lake	5597		7.2	52.6	32.2	5.5	2.5
东南诸河区	Southeastern Rivers	6439	6.0	64.5	24.8	2.2	1.8	0.7
珠江区	Zhujiang River	29840	4.4	74.9	13.4	4.4	0.8	2.1
西南诸河区	Southwestern Rivers	21852	7.7	70.0	17.3	3.0	1.8	0.2
西北诸河区	Northwestern Rivers	18662	32.0	56.1	6.8	1.6	1.0	2.5

2-7 主要水系水质状况评价结果(按监测断面统计)(2020年)
Evaluation of River Water Quality by Water System (by Monitoring Sections) (2020)

主要水系	Main Water System	监测断面个数(个) Number of Monitoring Sections (unit)	分类水质断面占全部断面百分比(%) Proportion of Monitored Section Water Quality (%)					
			Ⅰ类 Grade Ⅰ	Ⅱ类 Grade Ⅱ	Ⅲ类 Grade Ⅲ	Ⅳ类 Grade Ⅳ	Ⅴ类 Grade Ⅴ	劣Ⅴ类 Worse than Grade Ⅴ
长　江	Changjiang River	510	8.2	67.8	20.6	2.9	0.4	
黄　河	Huanghe River	137	6.6	56.2	21.9	12.4	2.9	
珠　江	Zhujiang River	165	9.1	67.3	16.4	6.1	1.2	
松花江	Songhuajiang River	108		18.5	63.9	17.6		
淮　河	Huanhe River	180		20.6	58.3	20.0	1.1	
海　河	Haihe River	161	10.6	26.7	26.7	27.3	8.1	0.6
辽　河	Liaohe River	103	3.9	40.8	26.2	27.2	1.9	

资料来源：生态环境部(以下各表同)。
Source: Ministry of Ecology and Environment(the same as in the following tables).

2-8 重点评价湖泊水质状况(2020)
Water Quality Status of Lakes in Key Evaluation (2020)

主要水系	Main Water System	所属行政区 Region	总体水质状况 Categories of Overall Water Quality	营养状况 Nutritional Status
白洋淀	Baiyangdian	河北	轻度污染/Grade Ⅳ	轻度富营养/Light Eutropher
衡水湖	Hengshui Lake	河北	良好/Grade Ⅲ	轻度富营养/Light Eutropher
乌梁素海	Wuliangsuhai Lake	内蒙古	良好/Grade Ⅲ	中营养/Mesotropher
小兴凯湖	Xiaoxingkai Lake	黑龙江	轻度污染/Grade Ⅳ	轻度富营养/Light Eutropher
兴凯湖	Xingkai Lake	黑龙江	中度污染/Grade Ⅴ	中营养/Mesotropher
镜泊湖	Jingpo Lake	黑龙江	良好/Grade Ⅲ	中营养/Mesotropher
淀山湖	Dianshan Lake	上海	轻度污染/Grade Ⅳ	轻度富营养/Light Eutropher
高邮湖	Gaoyou Lake	江苏	轻度污染/Grade Ⅳ	轻度富营养/Light Eutropher
阳澄湖	Yangcheng Lake	江苏	轻度污染/Grade Ⅳ	轻度富营养/Light Eutropher
洪泽湖	Hongze Lake	江苏	轻度污染/Grade Ⅳ	轻度富营养/Light Eutropher
太湖	Taihu Lake	江苏	轻度污染/Grade Ⅳ	轻度富营养/Light Eutropher
白马湖	Baima Lake	江苏	良好/Grade Ⅲ	轻度富营养/Light Eutropher
骆马湖	Luoma Lake	江苏	良好/Grade Ⅲ	轻度富营养/Light Eutropher
东钱湖	Dongqian Lake	浙江	良好/Grade Ⅲ	轻度富营养/Light Eutropher
西湖	West Lake	浙江	良好/Grade Ⅲ	中营养/Mesotropher
龙感湖	Longgan Lake	安徽	良好/Grade Ⅲ	轻度富营养/Light Eutropher
巢湖	Chaohu Lake	安徽	轻度污染/Grade Ⅳ	轻度富营养/Light Eutropher
南漪湖	Nanyi Lake	安徽	良好/Grade Ⅲ	轻度富营养/Light Eutropher
菜子湖	Caizi Lake	安徽	良好/Grade Ⅲ	中营养/Mesotropher
焦岗湖	Jiaogang Lake	安徽	轻度污染/Grade Ⅳ	轻度富营养/Light Eutropher
武昌湖	Wuchang Lake	安徽	良好/Grade Ⅲ	中营养/Mesotropher
升金湖	Shengjin Lake	安徽	良好/Grade Ⅲ	轻度富营养/Light Eutropher
瓦埠湖	Wabu Lake	安徽	良好/Grade Ⅲ	轻度富营养/Light Eutropher
黄大湖	Huangda Lake	安徽	良好/Grade Ⅲ	中营养/Mesotropher
花亭湖	Huating Lake	安徽	优/Grade Ⅰ~Ⅱ	中营养/Mesotropher
仙女湖	Xiannv Lake	江西	轻度污染/Grade Ⅳ	轻度富营养/Light Eutropher
鄱阳湖	Poyang Lake	江西	轻度污染/Grade Ⅳ	中营养/Mesotropher
柘林湖	Zhelin Lake	江西	优/Grade Ⅰ~Ⅱ	中营养/Mesotropher
东平湖	Dongping Lake	山东	良好/Grade Ⅲ	轻度富营养/Light Eutropher
南四湖	Nansi Lake	山东	良好/Grade Ⅲ	中营养/Mesotropher
高唐湖	Gaotang Lake	山东	优/Grade Ⅰ~Ⅱ	中营养/Mesotropher
洪湖	Honghu Lake	湖北	轻度污染/Grade Ⅳ	中度富营养/Middle Eutropher
斧头湖	Futou Lake	湖北	良好/Grade Ⅲ	轻度富营养/Light Eutropher
梁子湖	Liangzi Lake	湖北	良好/Grade Ⅲ	中营养/Mesotropher
大通湖	Datong Lake	湖南	轻度污染/Grade Ⅳ	轻度富营养/Light Eutropher
洞庭湖	Dongting Lake	湖南	轻度污染/Grade Ⅳ	中营养/Mesotropher
邛海	Qionghai Lake	四川	优/Grade Ⅰ~Ⅱ	中营养/Mesotropher
百花湖	Baihua Lake	贵州	优/Grade Ⅰ~Ⅱ	中营养/Mesotropher
红枫湖	Hongfeng Lake	贵州	优/Grade Ⅰ~Ⅱ	中营养/Mesotropher
万峰湖	Wanfeng Lake	贵州	优/Grade Ⅰ~Ⅱ	中营养/Mesotropher
杞麓湖	Qilu Lake	云南	重度污染/Worse than Grade Ⅴ	中度富营养/Middle Eutropher
星云湖	Xingyun Lake	云南	中度污染/Grade Ⅴ	中度富营养/Middle Eutropher
异龙湖	Yilong Lake	云南	中度污染/Grade Ⅴ	中度富营养/Middle Eutropher
滇池	Dianchi	云南	轻度污染/Grade Ⅳ	中度富营养/Middle Eutropher
程海	Chenghai Lake	云南	重度污染/Worse than Grade Ⅴ	中营养/Mesotropher
阳宗海	Yangzonghai Lake	云南	优/Grade Ⅰ~Ⅱ	中营养/Mesotropher
洱海	Erhai	云南	优/Grade Ⅰ~Ⅱ	中营养/Mesotropher
抚仙湖	Fuxian Lake	云南	优/Grade Ⅰ~Ⅱ	贫营养/Oligotropher
泸沽湖	Lugu Lake	云南	优/Grade Ⅰ~Ⅱ	贫营养/Oligotropher
班公错	Bangongcuo	西藏	优/Grade Ⅰ~Ⅱ	中营养/Mesotropher
色林错	Celincuo	西藏	良好/Grade Ⅲ	
羊卓雍错	Yangzhuoyongcuo	西藏	优/Grade Ⅰ~Ⅱ	贫营养/Oligotropher
沙湖	Shahu Lake	宁夏	良好/Grade Ⅲ	中营养/Mesotropher
香山湖	Xiangshan Lake	宁夏	优/Grade Ⅰ~Ⅱ	中营养/Mesotropher
艾比湖	Aibi Lake	新疆		重度富营养/Hyper Eutropher
乌伦古湖	Wulungu Lake	新疆	重度污染/Worse than Grade Ⅴ	中营养/Mesotropher
赛里木湖	Sailimu Lake	新疆	良好/Grade Ⅲ	中营养/Mesotropher
博斯腾湖	Bositeng Lake	新疆	轻度污染/Grade Ⅳ	中营养/Mesotropher

2-9 各地区废水排放情况(2020年)
Discharge of Waste Water by Region (2020)

单位：吨 (ton)

地 区	Region	化学需氧量排放总量 COD Discharged	工业 Industry	农业 Agriculture	生活 Domestic	集中式污染治理设施 Centralized Pollution Control Facilities
全 国	**National Total**	**25647561**	**497323**	**15932272**	**9188875**	**29091**
北 京	Beijing	53585	1413	11394	40464	314
天 津	Tianjin	156342	2821	119889	33600	32
河 北	Hebei	1274153	26174	887857	359981	141
山 西	Shanxi	619816	4803	426954	187992	67
内蒙古	Inner Mongolia	708758	8761	596824	103089	85
辽 宁	Liaoning	1247543	13189	1068567	165660	127
吉 林	Jilin	562509	9396	411611	141400	102
黑龙江	Heilongjiang	1491660	21262	1288929	179866	1602
上 海	Shanghai	72871	8603	7901	56113	253
江 苏	Jiangsu	1207812	59346	695806	452369	291
浙 江	Zhejiang	532215	44399	80141	407413	261
安 徽	Anhui	1186012	16351	675496	493554	611
福 建	Fujian	623004	19582	170057	433279	85
江 西	Jiangxi	1014801	20748	626227	367168	658
山 东	Shandong	1534845	46419	965840	522414	172
河 南	Henan	1445682	16009	850773	578637	263
湖 北	Hubei	1530276	22329	1066904	440877	165
湖 南	Hunan	1476385	14565	959718	501208	894
广 东	Guangdong	1613096	40882	654147	904055	14011
广 西	Guangxi	1030352	15679	431363	576537	6774
海 南	Hainan	172783	4420	84865	83462	36
重 庆	Chongqing	320570	9318	178797	132399	56
四 川	Sichuan	1304632	25706	490747	787939	240
贵 州	Guizhou	1167843	4704	918628	244176	335
云 南	Yunnan	685962	10578	403469	271338	577
西 藏	Tibet	530510	180	496470	33684	176
陕 西	Shaanxi	488770	9461	204190	274908	212
甘 肃	Gansu	595372	4480	490602	99960	329
青 海	Qinghai	85742	1622	21636	62338	145
宁 夏	Ningxia	220305	3140	176935	40198	33
新 疆	Xinjiang	693355	10982	469535	212796	42

2-9 续表 1 continued 1

单位：吨 (ton)

地 区	Region	氨氮排放总量 Ammona Nitrogen Discharged	工业 Industry	农业 Agriculture	生活 Domestic	集中式污染治理设施 Centralized Pollution Control Facilities
全 国	**National Total**	**984018**	**21216**	**253780**	**706572**	**2450**
北 京	Beijing	2839	34	162	2606	36
天 津	Tianjin	2565	96	1163	1302	4
河 北	Hebei	32243	838	14386	16997	23
山 西	Shanxi	16425	187	4845	11386	6
内蒙古	Inner Mongolia	13901	454	8047	5387	13
辽 宁	Liaoning	18532	532	9095	8880	26
吉 林	Jilin	9612	367	4082	5149	15
黑龙江	Heilongjiang	24165	1022	13077	9913	152
上 海	Shanghai	2983	206	273	2496	9
江 苏	Jiangsu	51925	2521	14878	34506	20
浙 江	Zhejiang	38398	924	5709	31753	12
安 徽	Anhui	44315	949	14110	29130	126
福 建	Fujian	45543	764	11036	33730	13
江 西	Jiangxi	45913	1644	13722	30392	154
山 东	Shandong	53121	1883	13840	37384	14
河 南	Henan	46344	790	11012	34494	48
湖 北	Hubei	58244	1140	22004	35074	25
湖 南	Hunan	71429	643	22204	48394	188
广 东	Guangdong	96399	1500	14380	79737	783
广 西	Guangxi	72528	537	13955	57653	383
海 南	Hainan	8134	111	1636	6381	6
重 庆	Chongqing	20101	358	3334	16402	7
四 川	Sichuan	80166	1274	7838	71006	49
贵 州	Guizhou	28888	651	6623	21538	76
云 南	Yunnan	27884	409	6836	20521	118
西 藏	Tibet	5063	12	2145	2875	31
陕 西	Shaanxi	25258	328	2641	22249	39
甘 肃	Gansu	6540	211	2931	3351	47
青 海	Qinghai	5389	114	389	4869	17
宁 夏	Ningxia	3387	119	921	2342	5
新 疆	Xinjiang	25786	599	6508	18676	4

2-9 续表 2 continued 2

单位：吨 (ton)

地 区	Region	废水中污染物排放量 Amount of Pollutants Discharged in Waste Water				
		总氮 Total Nitrogen	总磷 Total Phosphorus	石油类 Petroleum	挥发酚（千克） Volatile Phenols (kg)	氰化物（千克） Cyanide (kg)
全 国	**National Total**	**3223380**	**336710**	**3734**	**59848**	**42476**
北 京	Beijing	10917	467	5	1	1
天 津	Tianjin	16886	1572	9	127	95
河 北	Hebei	114520	11158	134	4977	2960
山 西	Shanxi	54033	6692	27	1019	845
内蒙古	Inner Mongolia	58148	4338	45	244	258
辽 宁	Liaoning	99964	12829	279	11164	1321
吉 林	Jilin	47501	4987	35	360	209
黑龙江	Heilongjiang	103155	12326	52	1114	358
上 海	Shanghai	26847	706	226	535	179
江 苏	Jiangsu	186511	17901	192	4356	1832
浙 江	Zhejiang	123242	9878	158	800	1029
安 徽	Anhui	151712	17768	91	1341	1472
福 建	Fujian	122250	13529	56	684	459
江 西	Jiangxi	129080	15806	105	11956	1408
山 东	Shandong	170726	13920	220	8748	1600
河 南	Henan	173853	16344	47	651	475
湖 北	Hubei	189437	24487	1078	1117	9300
湖 南	Hunan	203100	23696	65	361	545
广 东	Guangdong	291140	30642	203	830	3667
广 西	Guangxi	229247	23584	25	150	6075
海 南	Hainan	30831	3975	1	305	6058
重 庆	Chongqing	59239	4639	109	3415	391
四 川	Sichuan	200646	17744	357	2022	518
贵 州	Guizhou	103743	15233	28	136	202
云 南	Yunnan	110226	10561	41	1126	303
西 藏	Tibet	18760	3806	0	1	0
陕 西	Shaanxi	70523	4973	39	384	476
甘 肃	Gansu	36039	4573	30	280	83
青 海	Qinghai	13355	592	10	511	7
宁 夏	Ningxia	14306	1902	9	253	123
新 疆	Xinjiang	63443	6084	61	879	228

2-9 续表 3 continued 3

地 区 Region	废水中污染物排放量 Amount of Pollutants Discharged in Waste Water					
	总铅（千克）Total Plumbum (kg)	总汞（千克）Total Mercury (kg)	总镉（千克）Total Cadmium (kg)	六价铬（千克）Hexavalent Chromium (kg)	总铬（千克）Total Chromium (kg)	总砷（千克）Total Arsenic (kg)
全 国 National Total	**26680**	**1129**	**4166**	**8550**	**30913**	**10241**
北 京 Beijing	3	0	0	3	12	4
天 津 Tianjin	23	5	3	32	125	20
河 北 Hebei	70	6	2	70	670	65
山 西 Shanxi	59	1	20	6	16	167
内蒙古 Inner Mongolia	399	17	45	18	153	257
辽 宁 Liaoning	44	17	7	46	269	112
吉 林 Jilin	953	24	201	19	370	1317
黑龙江 Heilongjiang	46	1	9	15	32	241
上 海 Shanghai	58	3	15	48	197	47
江 苏 Jiangsu	312	29	10	474	2115	103
浙 江 Zhejiang	409	7	90	849	2961	56
安 徽 Anhui	936	11	236	167	639	732
福 建 Fujian	500	20	91	117	976	208
江 西 Jiangxi	2673	28	660	3879	4989	1258
山 东 Shandong	796	36	146	255	2664	653
河 南 Henan	336	6	33	86	998	110
湖 北 Hubei	905	233	384	973	4733	958
湖 南 Hunan	6678	186	519	394	4747	896
广 东 Guangdong	4947	61	520	602	2330	444
广 西 Guangxi	848	30	252	45	253	350
海 南 Hainan	10	0	4	9	39	11
重 庆 Chongqing	143	29	3	49	160	137
四 川 Sichuan	238	52	34	132	465	365
贵 州 Guizhou	115	7	27	18	72	196
云 南 Yunnan	2140	219	279	32	338	693
西 藏 Tibet	5	0	2	2	4	3
陕 西 Shaanxi	917	8	222	40	191	337
甘 肃 Gansu	792	23	160	123	225	296
青 海 Qinghai	816	18	105	2	6	52
宁 夏 Ningxia	1	42	0	1	2	21
新 疆 Xinjiang	506	6	87	46	162	133

2-10 各行业工业废水排放情况(2020年)
Discharge of Industrial Waste Water by Sector (2020)

行 业	Sector	化学需氧量排放量(吨) COD Discharged (ton)	氨氮排放量(吨) Ammona Nitrogen Discharged (ton)
行业总计	**Total**	**433606**	**18861**
农、林、牧、渔专业及辅助性活动	Professional and Support Activities for Agriculture, Forestry, Animal Husbandry and Fishery	1072	45
煤炭开采和洗选业	Mining and Washing of Coal	9939	185
石油和天然气开采业	Extraction of Petroleum and Natural Gas	1152	61
黑色金属矿采选业	Mining and Processing of Ferrous Metal Ores	2544	21
有色金属矿采选业	Mining and Processing of Non-ferrous Metal Ores	4916	226
非金属矿采选业	Mining and Processing of Non-metal Ores	2418	403
开采专业及辅助性活动	Professional and Support Activities for Mining	39	1
其他采矿业	Mining of Other Ores	0	0
农副食品加工业	Processing of Food from Agricultural Products	55001	2082
食品制造业	Manufacture of Foods	25022	1488
酒、饮料和精制茶制造业	Manufacture of Liquor, Beverages and Refined Tea	28123	1032
烟草制品业	Manufacture of Tobacco	521	29
纺织业	Manufacture of Textile	60563	1761
纺织服装、服饰业	Manufacture of Textile, Wearing Apparel and Accessories	3111	125
皮革、毛皮、羽毛及其制品和制鞋业	Manufacture of Leather, Fur, Feather and Related Products and Footware	4543	264
木材加工和木、竹、藤、棕、草制品业	Processing of Timber, Manufacture of Wood, Bamboo, Rattan, Palm and Straw Products	473	9
家具制造业	Manufacture of Furniture	268	56
造纸及纸制品业	Manufacture of Paper and Paper Products	54294	1455
印刷和记录媒介复制业	Printing and Reproduction of Recording Media	197	13
文教、工美、体育和娱乐用品制造业	Manufacture of Articles for Culture, Education, Arts and Crafts, Sport and Entertainment Activities	390	26
石油、煤炭及其他燃料加工业	Processing of Petroleum, Coal and Other Fuels	13690	555

2-10 续表 continued

行 业	Sector	化学需氧量排放量(吨) COD Discharged (ton)	氨氮排放量(吨) Ammona Nitrogen Discharged (ton)
化学原料和化学制品制造业	Manufacture of Raw Chemical Materials and Chemical Products	56691	4241
医药制造业	Manufacture of Medicines	13167	604
化学纤维制造业	Manufacture of Chemical Fibers	20645	480
橡胶和塑料制品业	Manufacture of Rubber and Plastics Products	2153	119
非金属矿物制品业	Manufacture of Non-metallic Mineral Products	2806	121
黑色金属冶炼和压延加工业	Smelting and Pressing of Ferrous Metals	6973	408
有色金属冶炼和压延加工业	Smelting and Pressing of Non-ferrous Metals	3822	506
金属制品业	Manufacture of Metal Products	5622	221
通用设备制造业	Manufacture of General Purpose Machinery	2310	82
专用设备制造业	Manufacture of Special Purpose Machinery	1325	97
汽车制造业	Manufacture of Automobiles	6145	111
铁路、船舶、航空航天和其他运输设备制造业	Manufacture of Railway, Ship, Aerospace and Other Transport Equipments	3744	98
电气机械和器材制造业	Manufacture of Electrical Machinery and Apparatus	4088	213
计算机、通信和其他电子设备制造业	Manufacture of Computers, Communication and Other Electronic Equipment	17525	966
仪器仪表制造业	Manufacture of Measuring Instruments and Machinery	98	5
其他制造业	Other Manufacture	756	42
废弃资源综合利用业	Utilization of Waste Resources	472	19
金属制品、机械和设备修理业	Repair Service of Metal Products, Machinery and Equipment	728	23
电力、热力生产和供应业	Production and Supply of Electric Power and Heat Power	9243	434
燃气生产和供应业	Production and Supply of Gas	14	1
水的生产和供应业	Production and Supply of Water	7004	231

2-11 各地区工业废水处理情况(2020年)

Treatment of Industrial Waste Water by Region (2020)

地 区	Region	工业废水治理设施数(套) Number of Industrial Waste Water Treatment Facilities (set)	工业废水治理设施处理能力(万吨/日) Capacity of Industrial Waste Water Treatment Facilities (10 000 tons/day)	工业废水治理设施运行费用(万元) Expenditure of Industrial Waste Water Treatment Facilities (10 000 yuan)
全 国	**National Total**	**68150**	**16281**	**8372425**
北 京	Beijing	505	45	33925
天 津	Tianjin	1029	67	81691
河 北	Hebei	2676	833	341994
山 西	Shanxi	1319	397	208984
内蒙古	Inner Mongolia	1292	551	261565
辽 宁	Liaoning	1948	815	271013
吉 林	Jilin	652	162	79833
黑龙江	Heilongjiang	798	538	193549
上 海	Shanghai	1803	156	172465
江 苏	Jiangsu	6726	1369	1169849
浙 江	Zhejiang	8049	998	975862
安 徽	Anhui	2865	1192	316500
福 建	Fujian	3001	1551	260400
江 西	Jiangxi	3617	667	295392
山 东	Shandong	5114	1049	864155
河 南	Henan	2484	758	284030
湖 北	Hubei	2159	557	280368
湖 南	Hunan	2032	630	167964
广 东	Guangdong	8033	876	822358
广 西	Guangxi	1152	688	133259
海 南	Hainan	280	52	28071
重 庆	Chongqing	1532	158	103986
四 川	Sichuan	3727	633	306305
贵 州	Guizhou	725	489	69971
云 南	Yunnan	1454	352	112575
西 藏	Tibet	53	6	1104
陕 西	Shaanxi	1133	221	156977
甘 肃	Gansu	632	106	65708
青 海	Qinghai	159	22	24850
宁 夏	Ningxia	313	105	109457
新 疆	Xinjiang	888	238	178265

2-12 各行业工业废水处理情况(2020年)
Treatment of Industrial Waste Water by Sector (2020)

行业	Sector	工业废水治理设施数(套) Number of Industrial Waste Water Treatment Facilities (set)	工业废水治理设施处理能力(万吨/日) Capacity of Industrial Waste Water Treatment Facilities (10 000 tons/day)	工业废水治理设施运行费用(万元) Annual Expenditure of Industrial Waste Water Treatment Facilities (10 000 yuan)
行业总计	**Total**	**68150**	**16281**	**8372425**
农、林、牧、渔专业及辅助性活动	Professional and Support Activities for Agriculture, Forestry, Animal Husbandry and Fishery	180	12	3021
煤炭开采和洗选业	Mining and Washing of Coal	2171	1150	240258
石油和天然气开采业	Extraction of Petroleum and Natural Gas	338	369	175577
黑色金属矿采选业	Mining and Processing of Ferrous Metal Ores	285	326	28798
有色金属矿采选业	Mining and Processing of Non-ferrous Metal Ores	671	492	115615
非金属矿采选业	Mining and Processing of Non-metal Ores	232	104	18468
开采专业及辅助性活动	Professional and Support Activities for Mining	18	5	829
其他采矿业	Mining of Other Ores	3	0	35
农副食品加工业	Processing of Food from Agricultural Products	9132	680	346526
食品制造业	Manufacture of Foods	3564	332	220947
酒、饮料和精制茶制造业	Manufacture of Liquor, Beverages and Refined Tea	2465	303	147703
烟草制品业	Manufacture of Tobacco	109	12	12714
纺织业	Manufacture of Textile	4376	1259	807159
纺织服装、服饰业	Manufacture of Textile, Wearing Apparel and Accessories	594	67	27017
皮革、毛皮、羽毛及其制品和制鞋业	Manufacture of Leather, Fur, Feather and Related Products and Footware	1154	147	91411
木材加工和木、竹、藤、棕、草制品业	Processing of Timber, Manufacture of Wood, Bamboo, Rattan, Palm and Straw Products	299	11	6247
家具制造业	Manufacture of Furniture	465	9	5771
造纸及纸制品业	Manufacture of Paper and Paper Products	1949	1312	508812
印刷和记录媒介复制业	Printing and Reproduction of Recording Media	536	6	7763
文教、工美、体育和娱乐用品制造业	Manufacture of Articles for Culture, Education, Arts and Crafts, Sport and Entertainment Activities	489	7	8217
石油、煤炭及其他燃料加工业	Processing of Petroleum, Coal and Other Fuels	800	429	687804

2-12 续表 continued

行　业	Sector	工业废水治理设施数(套) Number of Industrial Waste Water Treatment Facilities (set)	工业废水治理设施处理能力(万吨/日) Capacity of Industrial Waste Water Treatment Facilities (10 000 tons/day)	工业废水治理设施运行费用(万元) Annual Expenditure of Industrial Waste Water Treatment Facilities (10 000 yuan)
化学原料和化学制品制造业	Manufacture of Raw Chemical Materials and Chemical Products	7081	988	1569372
医药制造业	Manufacture of Medicines	3864	216	473483
化学纤维制造业	Manufacture of Chemical Fibers	438	174	115635
橡胶和塑料制品业	Manufacture of Rubber and Plastics Products	1103	45	43819
非金属矿物制品业	Manufacture of Non-metallic Mineral Products	1948	259	64911
黑色金属冶炼和压延加工业	Smelting and Pressing of Ferrous Metals	1316	4196	754906
有色金属冶炼和压延加工业	Smelting and Pressing of Non-ferrous Metals	1586	210	223718
金属制品业	Manufacture of Metal Products	6796	391	387867
通用设备制造业	Manufacture of General Purpose Machinery	1519	34	42188
专用设备制造业	Manufacture of Special Purpose Machinery	904	28	23954
汽车制造业	Manufacture of Automobiles	2558	106	136272
铁路、船舶、航空航天和其他运输设备制造业	Manufacture of Railway, Ship, Aerospace and Other Transport Equipments	774	37	29483
电气机械和器材制造业	Manufacture of Electrical Machinery and Apparatus	1579	95	131087
计算机、通信和其他电子设备制造业	Manufacture of Computers, Communication and Other Electronic Equipment	3579	534	629159
仪器仪表制造业	Manufacture of Measuring Instruments and Machinery	155	3	2786
其他制造业	Other Manufacture	421	14	15541
废弃资源综合利用业	Utilization of Waste Resources	505	27	23567
金属制品、机械和设备修理业	Repair Service of Metal Products, Machinery and Equipment	225	5	4994
电力、热力生产和供应业	Production and Supply of Electric Power and Heat Power	1632	1051	202840
燃气生产和供应业	Production and Supply of Gas	14	2	5367
水的生产和供应业	Production and Supply of Water	323	833	30784

2-13 主要城市废水排放情况(2020年)
Discharge of Waste Water in Major Cities (2020)

城市	City	工业化学需氧量排放量(吨) Industrial COD Discharged (ton)	工业氨氮排放量(吨) Industrial Ammonia Nitrogen Discharged (ton)	生活化学需氧量排放量(吨) Domestic COD Discharged (ton)	生活氨氮排放量(吨) Domestic Ammonia Nitrogen Discharged (ton)
北京	Beijing	1413	34	40464	2606
天津	Tianjin	2821	96	33600	1302
石家庄	Shijiazhuang	4221	141	31356	1004
太原	Taiyuan	775	33	12022	432
呼和浩特	Hohhot	1180	45	18369	2738
沈阳	Shenyang	1675	96	29365	1605
长春	Changchun	1248	44	51698	974
哈尔滨	Harbin	1927	86	45625	2043
上海	Shanghai	8603	206	56113	2496
南京	Nanjing	3567	97	59465	4494
杭州	Hangzhou	6050	131	43143	4163
合肥	Hefei	1289	35	42796	787
福州	Fuzhou	1845	32	69149	3571
南昌	Nanchang	2643	107	26076	1185
济南	Jinan	1744	54	48172	2961
郑州	Zhengzhou	1365	46	39631	1480
武汉	Wuhan	3329	128	89699	7063
长沙	Changsha	2840	144	69205	9857
广州	Guangzhou	2885	82	93987	5891
南宁	Nanning	2027	56	94082	13598
海口	Haikou	178	5	11463	588
重庆	Chongqing	9318	358	132399	16402
成都	Chengdu	2255	98	307455	34059
贵阳	Guiyang	1161	352	21124	4423
昆明	Kunming	976	58	14204	1753
拉萨	Lhasa	145	9	6007	859
西安	Xi'an	1431	58	43812	3912
兰州	Lanzhou	814	36	9765	304
西宁	Xining	447	31	23104	2206
银川	Yinchuan	1217	25	9129	333
乌鲁木齐	Urumqi	658	123	10696	4785

三、海洋环境

Marine Environment

3-1 全国海洋环境情况(2001-2020年)
Marine Environment (2001-2020)

年 份 Year	管辖海域未达到第一类海水水质标准的海域面积(平方公里) Sea Area with Water Quality Not Reaching Standard of Grade Ⅰ (sq.km) 合 计 Total	二类水质海域面积 Sea Area with Water Quality at Grade Ⅱ	三类水质海域面积 Sea Area with Water Quality at Grade Ⅲ	四类水质海域面积 Sea Area with Water Quality at Grade Ⅳ	劣四类水质海域面积 Sea Area with Water Quality Inferior to Grade Ⅳ
2001	173390	99440	25710	15650	32590
2002	174390	111020	19870	17780	25720
2003	142080	80480	22010	14910	24680
2004	169000	65630	40500	30810	32060
2005	139280	57800	34060	18150	29270
2006	148970	51020	52140	17440	28370
2007	145280	51290	47510	16760	29720
2008	137000	65480	28840	17420	25260
2009	146980	70920	25500	20840	29720
2010	177720	70430	36190	23070	48030
2011	144290	47840	34310	18340	43800
2012	169520	46910	30030	24700	67880
2013	143620	47160	36490	15630	44340
2014	148710	43280	42740	21550	41140
2015	154610	54120	36900	23570	40020
2016	135520	49310	31020	17770	37420
2017	130330	49830	28540	18240	33720
2018	109790	38070	22320	16130	33270
2019	89670	34330	18440	8560	28340
2020	94930	30730	20650	13480	30070

3-1 续表 continued

年 份 Year	主要海洋产业增加值(亿元) Added Value of Major Marine Industries (100 million yuan)	海洋原油产量(万吨) Output of Offshore Crude Oil (10 000 tons)	海洋天然气产量(万立方米) Output of Offshore Natural Gas (10 000 cu.m)
2001	3857	2143	457212
2002	4697	2406	464689
2003	4754	2545	436930
2004	5828	2842	613416
2005	7188	3175	626921
2006	8790	3240	748618
2007	10478	3178	823455
2008	12176	3421	857847
2009	12768	3698	859173
2010	16188	4710	1108905
2011	18865	4452	1214519
2012	20830	4445	1228188
2013	22462	4541	1176455
2014	25303	4614	1308899
2015	26839	5416	1472400
2016	28392	5162	1288604
2017	31123	4886	1395462
2018	31229	4807	1538464
2019	33442	4916	1621271
2020	29641	5164	1855677

3-2 管辖海域未达到第一类海水水质标准的海域面积(2020年)
Sea Area with Water Quality Not Reaching Standard of Grade Ⅰ (2020)

单位：平方公里 (sq.km)

海 区	Sea Area	合计 Total	二类水质海域面积 Sea Area with Water Quality at Grade Ⅱ	三类水质海域面积 Sea Area with Water Quality at Grade Ⅲ	四类水质海域面积 Sea Area with Water Quality at Grade Ⅳ	劣四类水质海域面积 Sea Area with Water Quality Inferior to Grade Ⅳ
全 国	**National Total**	**94930**	**30730**	**20650**	**13480**	**30070**
渤 海	Bohai Sea	13490	9170	2300	1020	1000
黄 海	Yellow Sea	25360	7430	8300	4550	5080
东 海	East China Sea	48000	10800	8910	6810	21480
南 海	South China Sea	8080	3330	1140	1100	2510

资料来源：生态环境部(下表同)。
Source: Ministry of Ecology and Environment (the same as in the following table).

3-3 海区废弃物倾倒及石油勘探开发污染物排放入海情况(2020年)
Sea Area Waste Dumping and Pollutants from Petroleum Exploration Discharged into the Sea (2020)

单位：万立方米 (10 000 cu.m)

海 区	Sea Area	海洋废弃物 Marine Waste	生产污水 Sewage from Production	钻井泥浆 Drilling Mud	钻屑 Debris from Drilling	机舱污水 Sewage from Engineroom	生活污水 Oily Sewage
全 国	**National Total**	**26157**	**21723**	**9.73**	**14.10**	**0.10**	**93**
渤 海	Bohai Sea	4055	439	1.46	4.91		39
黄 海	Yellow Sea	3327					
东 海	East China Sea	10683	272	0.07	0.30		6
南 海	South China Sea	8092	21012	8.21	8.89	0.10	48

3-4 全国主要海洋产业增加值(2020年)
Added Value of Major Marine Industries (2020)

海洋产业	Marine Industry	增加值 (亿元) Added Value (100 millionyuan)	增加值比上年增长 (按可比价计算)(%) Percentage of Added Value of Increase Over Last Year (at comparable price) (%)
合 计	**Total**	**29641**	**-11.7**
海洋渔业	Marine Fishery Industry	4712	3.1
海洋油气业	Offshore Oil and Natural Gas	1494	7.2
海滨矿业	Beach Placer	190	0.9
海洋盐业	Sea Salt Industry	33	-7.2
海洋化工业	Marine Chemical	532	8.5
海洋生物医药业	Marine Biological Pharmaceutical	451	8.0
海洋电力业	Marine Electric Power Industry	237	16.2
海水利用业	Marine Seawater Utilization	19	3.3
海洋船舶工业	Marine Shipbuilding Industry	1147	0.9
海洋工程建筑业	Marine Engineering Architecture	1190	1.5
海洋交通运输业	Maritime Transportation	5711	2.2
滨海旅游业	Coastal Tourism	13924	-24.5

资料来源：自然资源部(下表同)。
注：本表为初步核算数。
Source: Ministry of Natural Resources (the same as in the following table).
Note: The data of 2020 are preliminary accounting figures.

3-5 海洋资源利用情况(2019年)
Utilization of Marine Resources (2019)

地 区	Region	海洋原油 (万吨) Marine Oil (10 000 tons)	海洋天然气 (万立方米) Marine NaturalGas (10 000 cu.m)	远洋渔业 (万吨) Pelagic Fishery (10 000 tons)	海水直接利用量 (万吨) Seawater Direct Utilization (10 000 tons)	海水淡化工程规模 (万吨/日) Seawater Desalination Project Scale (10 000 tons/day)
全 国	**National Total**	**4916**	**1621271**	**198.0**	**14861349**	**157.4**
天 津	Tianjin	2753	314550	0.8	120871	30.6
河 北	Hebei	171	40066	5.6	390233	30.4
辽 宁	Liaoning	49	1762	26.5	990520	11.9
上 海	Shanghai	41	126403	18.3	143632	
江 苏	Jiangsu			0.9	896005	0.5
浙 江	Zhejiang			44.2	3315515	40.8
福 建	Fujian			51.7	2275482	1.1
山 东	Shandong	338	11761	41.4	1217716	32.6
广 东	Guangdong	1565	1126729	6.8	4661153	8.5
广 西	Guangxi			1.8	580914	
海 南	Hainan				269308	1.1

四、大气环境

Atmospheric Environment

4-1 全国废气排放及处理情况(2000-2020年)
Emission and Treatment of Waste Gas (2000-2020)

年份 Year	工业废气排放总量(亿立方米) Total Volume of Industrial Waste Gas Emission (100 million cu.m)	二氧化硫排放总量(万吨) Sulphur Dioxide Emission (10 000 tons)	#工业 Industry	#生活 Domestic	氮氧化物排放总量(万吨) Nitrogen Oxides Emission (10 000 tons)	#工业 Industry	#生活 Domestic
2000	138145	1995.1	1612.5				
2001	160863	1947.2	1566.0				
2002	175257	1926.6	1562.0				
2003	198906	2158.5	1791.6				
2004	237696	2254.9	1891.4				
2005	268988	2549.4	2168.4				
2006	330990	2588.8	2234.8				
2007	388169	2468.1	2140.0				
2008	403866	2321.2	1991.4				
2009	436064	2214.4	1865.9				
2010	519168	2185.1	1864.4				
2011	674509	2217.9	2017.2	200.4	2404.3	1729.7	36.6
2012	635519	2117.6	1911.7	205.7	2337.8	1658.1	39.3
2013	669361	2043.9	1835.2	208.5	2227.4	1545.6	40.7
2014	694190	1974.4	1740.4	233.9	2078.0	1404.8	45.1
2015	685190	1859.1	1556.7	296.9	1851.0	1180.9	65.1
2016		854.9	770.5	84.0	1503.3	809.1	61.6
2017		610.8	529.9	80.5	1348.4	646.5	59.2
2018		516.1	446.7	68.7	1288.4	588.7	53.1
2019		457.3	395.4	61.3	1233.9	548.1	49.7
2020		318.2	253.2	64.8	1019.7	417.5	33.4

注：1.2011年原环境保护部对统计制度中的指标体系、调查方法及相关技术规定等进行了修订，统计范围扩展为工业源、农业源、城镇生活源、机动车、集中式污染治理设施5个部分。

2.以第二次全国污染源普查成果为基准，生态环境部依法组织对2016-2019年污染源统计初步数据进行了更新，2016年之后数据与以前年份不可比。统计调查对象为全国排放污染物的工业源、农业源、生活源、集中式污染治理设施、机动车。其中，生活源包括第三产业以及城镇居民生活源；生活源废气污染物排放还包括农村生活源；烟(粉)尘指标改为颗粒物。

3.2020年生态环境部对排放源统计调查的部分调查范围、指标及方式方法进行了修订。工业源大气污染物非重点调查单位排放量统计调整至生活及其他大气污染物排放量统计中，大气污染生活源相应改为生活及其他。

Note: a)In 2011, indicators of statistical system, method of survey, and related technologies were revised by the former Ministry of Environmental Protection, statistical scope expands to 5 parts: industry source, agriculture source, urban domestic source, vehicle and centralized pollution control facilities.

b)Reference to the benchmarks of the Second National Pollution Sources Census, the Ministry of Ecology and Environment has adjusted and updated relevant data of pollution sources in 2016-2019, which are not comparable to the data of previous years. The statistical scope inclues industry source, agriculture source, domestic source, vehicle and centralized pollution control facilities. The domestic source includes tertiary industry and urban domestic source. In addition, the domestic source of waste gas also includes rural domestic source. Soot(Dust) Emission is renamed as Particulate Matter Emission.

c)In 2020, the scope, indicators and method of the survey of emission sources were revised by the Ministry of Ecology and Environment. The industrial waste gas emission of non-key survey unit was included in the domestic and other emission, which is used to be called domestic emission.

4-1 续表 continued

年 份 Year	颗粒物排放总量（万吨） Particulate Matter Emission (10 000 tons)	#工业 Industry	#生活 Domestic	工业废气治理设施（套） Industrial Watste Gas Treatment Facilities (set)	本年运行费用（亿元） Annual Expenditure for Operation (100 million yuan)
2000				145534	93.7
2001				134025	111.1
2002				137668	147.1
2003				137204	150.6
2004				144973	213.8
2005				145043	267.1
2006				154557	464.4
2007				162325	555.0
2008				174164	773.4
2009				176489	873.7
2010				187401	1054.5
2011	1278.8	1100.9	114.8	216457	1579.5
2012	1235.8	1029.3	142.7	225913	1452.3
2013	1278.1	1094.6	123.9	234316	1497.8
2014	1740.8	1456.1	227.1	261367	1731.0
2015	1538.0	1232.6	249.7	290886	1866.0
2016	1608.0	1376.2	219.2	158682	2388.7
2017	1284.9	1067.0	206.1	229618	1967.9
2018	1132.3	948.9	173.1	246558	2172.8
2019	1088.5	925.9	154.9	315586	2339.7
2020	611.4	400.9	201.6	372962	2560.4

4-2 各地区废气排放情况(2020年)
Emission of Waste Gas by Region (2020)

单位：吨 (ton)

地 区	Region	二氧化硫排放总量 Total Volume of Sulphur Dioxide Emission	工业 Industry	生活及其他 Domestic and Other	集中式污染治理设施 Centralized Pollution Control Facilities
全 国	**National Total**	**3182201**	**2531511**	**648061**	**2629**
北 京	Beijing	1764	988	761	15
天 津	Tianjin	10196	9756	417	23
河 北	Hebei	161749	122789	38783	178
山 西	Shanxi	160549	122494	38028	28
内蒙古	Inner Mongolia	273946	223916	50008	22
辽 宁	Liaoning	206384	144429	61778	177
吉 林	Jilin	68397	53072	15216	109
黑龙江	Heilongjiang	143198	90311	52876	12
上 海	Shanghai	5441	5200	232	9
江 苏	Jiangsu	112632	108322	4060	250
浙 江	Zhejiang	51476	49495	1934	46
安 徽	Anhui	108565	104672	3820	73
福 建	Fujian	78817	61330	17379	108
江 西	Jiangxi	102536	86395	16117	24
山 东	Shandong	193272	152865	40315	93
河 南	Henan	66754	56958	9636	160
湖 北	Hubei	97221	55105	42077	39
湖 南	Hunan	102393	64288	37969	137
广 东	Guangdong	116855	101296	15080	479
广 西	Guangxi	87843	82609	4954	281
海 南	Hainan	5890	5854	0	36
重 庆	Chongqing	67543	46992	20527	24
四 川	Sichuan	163146	125027	38073	46
贵 州	Guizhou	177401	143584	33681	137
云 南	Yunnan	176603	146194	30379	30
西 藏	Tibet	5668	5162	505	0
陕 西	Shaanxi	93686	63981	29630	74
甘 肃	Gansu	85763	66045	19717	1
青 海	Qinghai	40104	38683	1422	0
宁 夏	Ningxia	71577	67861	3716	1
新 疆	Xinjiang	144828	125838	18971	18

资料来源：生态环境部(以下各表同)。
Source:Ministry of Ecology and Environment (the same as in the following tables).

4-2 续表 1 continued 1

单位：吨 (ton)

地 区	Region	氮氧化物排放总量 Nitrogen Oxides Emission	工业 Industry	生活及其他 Domestic and Other	机动车 Motor Vehicle	集中式污染治理设施 Centralized Pollution Control Facilities
全 国	**National Total**	**10196558**	**4174959**	**333806**	**5669200**	**18592**
北 京	Beijing	86652	9751	8613	68157	131
天 津	Tianjin	116980	29167	3458	84270	84
河 北	Hebei	769716	301107	30859	437015	734
山 西	Shanxi	563417	320324	14690	228058	344
内蒙古	Inner Mongolia	475645	295982	30328	149064	271
辽 宁	Liaoning	579594	228642	20845	329156	950
吉 林	Jilin	201052	95483	8083	96969	517
黑龙江	Heilongjiang	297631	106103	30219	161074	236
上 海	Shanghai	159828	23396	4211	131869	351
江 苏	Jiangsu	484985	190524	8625	283957	1880
浙 江	Zhejiang	387284	116349	2516	268153	266
安 徽	Anhui	464261	171823	7915	284049	474
福 建	Fujian	258222	142732	5128	109776	587
江 西	Jiangxi	283272	145112	5476	132593	91
山 东	Shandong	624689	287363	18236	318756	334
河 南	Henan	545489	103426	6458	434362	1244
湖 北	Hubei	497998	103275	12709	381862	153
湖 南	Hunan	273264	106066	12703	153424	1072
广 东	Guangdong	607772	220316	10375	373555	3526
广 西	Guangxi	293400	157881	1854	130726	2938
海 南	Hainan	40669	17986	410	22063	210
重 庆	Chongqing	167037	71189	7328	88484	36
四 川	Sichuan	404504	163022	20048	221240	194
贵 州	Guizhou	274918	134167	4656	134759	1336
云 南	Yunnan	344393	161985	7140	175174	93
西 藏	Tibet	53902	5825	142	47935	0
陕 西	Shaanxi	266160	128902	14940	121911	407
甘 肃	Gansu	196416	82457	10676	103262	21
青 海	Qinghai	70971	27101	4411	39460	0
宁 夏	Ningxia	120550	77974	2839	39729	8
新 疆	Xinjiang	285885	149528	17915	118341	101

4-2 续表 2 continued 2

单位：吨 (ton)

地 区	Region	颗粒物排放总量 Particulate Matter Emission	工业 Industry	生活及其他 Domestic and Other	机动车 Motor Vehicle	集中式污染治理设施 Centralized Pollution Control Facilities
全 国	**National Total**	**6113961**	**4009413**	**2016198**	**85240**	**3110**
北 京	Beijing	9353	4376	4538	435	3
天 津	Tianjin	15560	10053	4428	1069	10
河 北	Hebei	370746	168176	194765	7670	135
山 西	Shanxi	451264	352985	95453	2822	4
内蒙古	Inner Mongolia	714207	461970	250292	1940	6
辽 宁	Liaoning	289073	128321	154795	5920	37
吉 林	Jilin	245217	182965	60989	1239	24
黑龙江	Heilongjiang	387189	119230	264480	3461	18
上 海	Shanghai	10494	7899	1298	1291	6
江 苏	Jiangsu	160142	139806	16856	3347	133
浙 江	Zhejiang	86024	77037	5699	3266	22
安 徽	Anhui	129928	88321	38523	3063	21
福 建	Fujian	130748	94417	34877	1375	79
江 西	Jiangxi	145215	110865	32410	1927	13
山 东	Shandong	244161	131517	108087	4526	32
河 南	Henan	85765	60791	17932	7006	36
湖 北	Hubei	189071	93337	84467	11254	13
湖 南	Hunan	214551	117285	95127	2134	5
广 东	Guangdong	156546	108214	43595	4566	169
广 西	Guangxi	109964	96036	9977	1763	2189
海 南	Hainan	9857	9209	38	572	38
重 庆	Chongqing	84710	59050	24575	1080	4
四 川	Sichuan	223995	161161	59812	3000	23
贵 州	Guizhou	182107	142375	37472	2221	38
云 南	Yunnan	295714	243009	50775	1912	18
西 藏	Tibet	10185	8753	783	649	0
陕 西	Shaanxi	284260	196601	85166	2483	9
甘 肃	Gansu	149039	68633	79047	1357	1
青 海	Qinghai	76317	61577	14464	276	0
宁 夏	Ningxia	102149	83154	18649	346	0
新 疆	Xinjiang	550414	422290	126830	1270	25

4-3 各行业工业废气排放情况(2020年)
Emission of Industrial Waste Gas by Sector (2020)

单位：吨 (ton)

行　业	Sector	工业二氧化硫排放量 Industrial Sulphur Dioxide Emission	工业氮氧化物排放量 Industrial Nitrogen Oxides Emission	工业颗粒物排放量 Industrial Particulate Matter Emission
行业总计	**Total**	**2531511**	**4174959**	**4009413**
农、林、牧、渔专业及辅助性活动	Professional and Support Activities for Agriculture, Forestry, Animal Husbandry and Fishery	3500	2149	952
煤炭开采和洗选业	Mining and Washing of Coal	19941	23574	718610
石油和天然气开采业	Extraction of Petroleum and Natural Gas	11235	14601	3682
黑色金属矿采选业	Mining and Processing of Ferrous Metal Ores	1562	1437	96097
有色金属矿采选业	Mining and Processing of Non-ferrous Metal Ores	2633	922	322964
非金属矿采选业	Mining and Processing of Non-metal Ores	5055	3020	56268
开采专业及辅助性活动	Professional and Support Activities for Mining	503	377	1455
其他采矿业	Mining of Other Ores	16	54	244
农副食品加工业	Processing of Food from Agricultural Products	26252	29490	24210
食品制造业	Manufacture of Foods	20347	22203	5703
酒、饮料和精制茶制造业	Manufacture of Liquor, Beverages and Refined Tea	11765	14755	4804
烟草制品业	Manufacture of Tobacco	358	585	3966
纺织业	Manufacture of Textile	15577	15742	8471
纺织服装、服饰业	Manufacture of Textile, Wearing Apparel and Accessories	13628	561	334
皮革、毛皮、羽毛及其制品和制鞋业	Manufacture of Leather, Fur, Feather and Related Products and Footware	810	673	3479
木材加工和木、竹、藤、棕、草制品业	Processing of Timber, Manufacture of Wood, Bamboo, Rattan, Palm and Straw Products	16163	7293	29204
家具制造业	Manufacture of Furniture	2565	312	5802
造纸及纸制品业	Manufacture of Paper and Paper Products	29006	42567	11863
印刷和记录媒介复制业	Printing and Reproduction of Recording Media	977	550	164
文教、工美、体育和娱乐用品制造业	Manufacture of Articles for Culture, Education, Arts and Crafts, Sport and Entertainment Activities	195	220	633
石油、煤炭及其他燃料加工业	Processing of Petroleum, Coal and Other Fuels	71296	207504	178691

4-3 续表 continued

单位：吨 (ton)

行业	Sector	工业二氧化硫排放量 Industrial Sulphur Dioxide Emission	工业氮氧化物排放量 Industrial Nitrogen Oxides Emission	工业颗粒物排放量 Industrial Particulate Matter Emission
化学原料和化学制品制造业	Manufacture of Raw Chemical Materials and Chemical Products	160178	171699	172932
医药制造业	Manufacture of Medicines	10548	9165	3519
化学纤维制造业	Manufacture of Chemical Fibers	6016	8906	3195
橡胶和塑料制品业	Manufacture of Rubber and Plastics Products	17159	7737	9905
非金属矿物制品业	Manufacture of Non-metallic Mineral Products	509322	1139943	1099751
黑色金属冶炼和压延加工业	Smelting and Pressing of Ferrous Metals	415058	929331	486284
有色金属冶炼和压延加工业	Smelting and Pressing of Non-ferrous Metals	334917	250269	126099
金属制品业	Manufacture of Metal Products	6597	10403	38010
通用设备制造业	Manufacture of General Purpose Machinery	2839	4756	7236
专用设备制造业	Manufacture of Special Purpose Machinery	392	1695	5342
汽车制造业	Manufacture of Automobiles	881	9254	14949
铁路、船舶、航空航天和其他运输设备制造业	Manufacture of Railway, Ship, Aerospace and Other Transport Equipments	799	4600	5141
电气机械和器材制造业	Manufacture of Electrical Machinery and Apparatus	659	11761	1021
计算机、通信和其他电子设备制造业	Manufacture of Computers, Communication and Other Electronic Equipment	637	1862	1231
仪器仪表制造业	Manufacture of Measuring Instruments and Machinery	9	15	55
其他制造业	Other Manufacture	413	917	6839
废弃资源综合利用业	Utilization of Waste Resources	4272	2995	11652
金属制品、机械和设备修理业	Repair Service of Metal Products, Machinery and Equipment	133	114	508
电力、热力生产和供应业	Production and Supply of Electric Power and Heat Power	805407	1218576	534428
燃气生产和供应业	Production and Supply of Gas	1886	2364	3716
水的生产和供应业	Production and Supply of Water	3	5	6

4-4 各地区工业废气处理情况(2020年)
Treatment of Industrial Waste Gas by Region (2020)

地 区	Region	工业废气治理设施数(套) Number of Industrial Waste Gas Treatment Facilities (set)	工业废气治理设施运行费用(万元) Annual Expenditure of Industrial Waste Gas Treatment Facilities (10 000 yuan)
全 国	**National Total**	**372962**	**25604198**
北 京	Beijing	3849	90486
天 津	Tianjin	8382	563573
河 北	Hebei	33986	2608024
山 西	Shanxi	14992	1303886
内蒙古	Inner Mongolia	8921	1107399
辽 宁	Liaoning	13126	960103
吉 林	Jilin	3384	234956
黑龙江	Heilongjiang	3819	218049
上 海	Shanghai	11287	603157
江 苏	Jiangsu	27627	2640876
浙 江	Zhejiang	31722	1453829
安 徽	Anhui	16041	1034829
福 建	Fujian	11019	538770
江 西	Jiangxi	13630	696876
山 东	Shandong	43133	3054099
河 南	Henan	15827	1195920
湖 北	Hubei	8785	743034
湖 南	Hunan	6958	426948
广 东	Guangdong	41504	1441584
广 西	Guangxi	4927	455582
海 南	Hainan	725	91201
重 庆	Chongqing	5229	282549
四 川	Sichuan	15721	1060541
贵 州	Guizhou	1834	398440
云 南	Yunnan	6352	448997
西 藏	Tibet	343	9281
陕 西	Shaanxi	6494	537673
甘 肃	Gansu	4553	359486
青 海	Qinghai	1152	80812
宁 夏	Ningxia	2560	430249
新 疆	Xinjiang	5080	532994

4-5 各行业工业废气处理情况(2020年)
Treatment of Industrial Waste Gas by Sector (2020)

行业	Sector	工业废气治理设施数（套）Number of Industrial Waste Gas Treatment Facilities (set)	工业废气治理设施本年运行费用（万元）Annual Expenditure of Industrial Waste Gas Treatment Facilities (10 000 yuan)
行业总计	**Total**	**372962**	**25604198**
农、林、牧、渔专业及辅助性活动	Professional and Support Activities for Agriculture, Forestry, Animal Husbandry and Fishery	596	6850
煤炭开采和洗选业	Mining and Washing of Coal	3597	98116
石油和天然气开采业	Extraction of Petroleum and Natural Gas	214	15499
黑色金属矿采选业	Mining and Processing of Ferrous Metal Ores	1014	40932
有色金属矿采选业	Mining and Processing of Non-ferrous Metal Ores	1375	30442
非金属矿采选业	Mining and Processing of Non-metal Ores	1912	39921
开采专业及辅助性活动	Professional and Support Activities for Mining	44	4009
其他采矿业	Mining of Other Ores	28	1229
农副食品加工业	Processing of Food from Agricultural Products	9245	180493
食品制造业	Manufacture of Foods	3851	129318
酒、饮料和精制茶制造业	Manufacture of Liquor, Beverages and Refined Tea	2316	50656
烟草制品业	Manufacture of Tobacco	463	13916
纺织业	Manufacture of Textile	9411	303172
纺织服装、服饰业	Manufacture of Textile, Wearing Apparel and Accessories	522	8532
皮革、毛皮、羽毛及其制品和制鞋业	Manufacture of Leather, Fur, Feather and Related Products and Footware	4679	41733
木材加工和木、竹、藤、棕、草制品业	Processing of Timber, Manufacture of Wood, Bamboo, Rattan, Palm and Straw Products	7167	106843
家具制造业	Manufacture of Furniture	13848	108323
造纸及纸制品业	Manufacture of Paper and Paper Products	4283	300712
印刷和记录媒介复制业	Printing and Reproduction of Recording Media	5639	98440
文教、工美、体育和娱乐用品制造业	Manufacture of Articles for Culture, Education, Arts and Crafts, Sport and Entertainment Activities	3038	25734
石油、煤炭及其他燃料加工业	Processing of Petroleum, Coal and Other Fuels	5348	1845583

4-5 续表 continued

行 业	Sector	工业废气治理设施数（套） Number of Industrial Waste Gas Treatment Facilities (set)	工业废气治理设施本年运行费用（万元） Annual Expenditure of Industrial Waste Gas Treatment Facilities (10 000 yuan)
化学原料和化学制品制造业	Manufacture of Raw Chemical Materials and Chemical Products	33832	1796898
医药制造业	Manufacture of Medicines	8548	224405
化学纤维制造业	Manufacture of Chemical Fibers	1931	130451
橡胶和塑料制品业	Manufacture of Rubber and Plastics Products	22092	355874
非金属矿物制品业	Manufacture of Non-metallic Mineral Products	78957	2768827
黑色金属冶炼和压延加工业	Smelting and Pressing of Ferrous Metals	14597	5942222
有色金属冶炼和压延加工业	Smelting and Pressing of Non-ferrous Metals	8878	1062185
金属制品业	Manufacture of Metal Products	37595	475798
通用设备制造业	Manufacture of General Purpose Machinery	9647	115926
专用设备制造业	Manufacture of Special Purpose Machinery	6268	90619
汽车制造业	Manufacture of Automobiles	14107	457401
铁路、船舶、航空航天和其他运输设备制造业	Manufacture of Railway, Ship, Aerospace and Other Transport Equipments	4286	159813
电气机械和器材制造业	Manufacture of Electrical Machinery and Apparatus	10290	174672
计算机、通信和其他电子设备制造业	Manufacture of Computers, Communication and Other Electronic Equipment	14550	418544
仪器仪表制造业	Manufacture of Measuring Instruments and Machinery	515	198866
其他制造业	Other Manufactures	1692	17774
废弃资源综合利用业	Utilization of Waste Resources	3079	78026
金属制品、机械和设备修理业	Repair Service of Metal Products, Machinery and Equipment	717	7732
电力、热力生产和供应业	Production and Supply of Electric Power and Heat Power	22681	7664674
燃气生产和供应业	Production and Supply of Gas	102	13025
水的生产和供应业	Production and Supply of Water	8	20

4-6 主要城市工业废气排放情况(2020年)
Emission of Industrial Waste Gas in Major Cities (2020)

单位: 吨 (ton)

城市	City	工业二氧化硫排放量 Industrial Sulphur Dioxide Emission	工业氮氧化物排放量 Industrial Nitrogen Oxides Emission	工业颗粒物排放量 Industrial Particulate Matter Emission	生活及其他二氧化硫排放量 Domestic and Other Sulphur Dioxide Emission	生活及其他氮氧化物排放量 Domestic and Other Nitrogen Oxides Emission	生活及其他颗粒物排放量 Domestic and Other Particulate Matter Emission
北京	Beijing	988	9751	4376	761	8613	4538
天津	Tianjin	9756	29167	10053	417	3458	4428
石家庄	Shijiazhuang	7886	29232	23647	1461	2211	7429
太原	Taiyuan	8481	19936	19493	891	1719	2362
呼和浩特	Hohhot	16438	17592	6423	454	250	2269
沈阳	Shenyang	9671	15885	4178	2680	1541	6774
长春	Changchun	16566	26811	15464	6318	3907	25371
哈尔滨	Harbin	9500	21970	6162	26760	15035	133829
上海	Shanghai	5200	23396	7899	232	4211	1298
南京	Nanjing	9685	23684	21820	1	1644	151
杭州	Hangzhou	3973	16056	10411	80	387	262
合肥	Hefei	4742	11628	4519	599	1679	6081
福州	Fuzhou	13237	34460	18876	739	603	1518
南昌	Nanchang	5081	8027	3264	215	505	472
济南	Jinan	11356	25382	13414	4519	2384	12147
郑州	Zhengzhou	5465	12329	7690	111	1651	349
武汉	Wuhan	9600	22464	6357	10001	3857	20152
长沙	Changsha	1845	4971	4021	1361	806	3442
广州	Guangzhou	2005	10605	6077	1437	2421	4285
南宁	Nanning	6426	13843	9548	1126	609	2284
海口	Haikou	475	130	66	0	178	16
重庆	Chongqing	46992	71189	59050	20527	7328	24575
成都	Chengdu	4026	14206	8321	3017	6389	5176
贵阳	Guiyang	13340	12015	5169	2391	374	2665
昆明	Kunming	16790	15131	19313	2609	1308	4424
拉萨	Lhasa	4084	2604	1932	124	72	195
西安	Xi'an	1506	2917	1797	6516	5305	18912
兰州	Lanzhou	12714	15919	6732	2542	1965	10246
西宁	Xining	24094	11807	7008	230	1159	2374
银川	Yinchuan	9286	14133	6244	20	467	142
乌鲁木齐	Urumqi	8095	11877	18104	4085	4580	27372

五、固体废物

Solid Wastes

5-1 全国工业固体废物产生、排放和综合利用情况(2000-2020年)
Generation, Discharge and Utilization of Industrial Solid Wastes(2000-2020)

年 份 Year	工业固体废物产生量(万吨) Industrial Solid Wastes Generated (10 000 tons)	工业固体废物倾倒丢弃量(万吨) Industrial Solid Wastes Discharged (10 000 tons)	工业固体废物综合利用量(万吨) Industrial Solid Wastes Utilized (10 000 tons)	工业固体废物贮存量(万吨) Stock of Industrial Solid Wastes (10 000 tons)	工业固体废物处置量(万吨) Industrial Solid Wastes Disposed (10 000 tons)	工业固体废物综合利用率(%) Ratio of Industrial Solid Wastes Utilized (%)
2000	81608	3186.2	37451	28921	9152	45.9
2001	88840	2893.8	47290	30183	14491	52.1
2002	94509	2635.2	50061	30040	16618	51.9
2003	100428	1940.9	56040	27667	17751	54.8
2004	120030	1762.0	67796	26012	26635	55.7
2005	134449	1654.7	76993	27876	31259	56.1
2006	151541	1302.1	92601	22399	42883	60.2
2007	175632	1196.7	110311	24119	41350	62.1
2008	190127	781.8	123482	21883	48291	64.3
2009	203943	710.5	138186	20929	47488	67.0
2010	240944	498.2	161772	23918	57264	66.7
2011	326204	433.3	196988	61248	71382	59.8
2012	332509	144.2	204467	60633	71443	60.9
2013	330859	129.3	207616	43445	83671	62.2
2014	329254	59.4	206392	45724	81317	62.1
2015	331055	55.8	200857	59175	74208	60.2
2016	371237		210995		85232	
2017	386707		206117		94314	
2018	407799		216860		103283	
2019	440810		232079		110359	
2020	367546		203798		91749	

注：1.2011年原环境保护部对统计制度中的指标体系、调查方法及相关技术规定等进行了修订，故不能与2010年直接比较。
2.以第二次全国污染源普查成果为基准，生态环境部依法组织对2016-2019年污染源统计初步数据进行了更新，2016年之后数据与以前年份不可比。统计调查对象为全国排放污染物的工业源、农业源、生活源、集中式污染治理设施、机动车。危险废物综合利用量和处置量指标合并为危险废物综合利用处置量。
3.本表各指标2016年及以后数据均为一般工业固体废物相关数据。

Note: a)In 2011, indicators of statistical system, method of survey, and related technologies were revised by the former Ministry of Environmental Protection, so it can not be directly compared with data of 2010.
b)Reference to the benchmarks of the Second National Pollution Sources Census, the Ministry of Ecology and Environment has adjusted and updated relevant data of pollution sources in 2016-2019, which are not comparable to the data of previous years. The statistical scope inclues industry source, agriculture source, domestic source, vehicle and centralized pollution control facilities. Hazardous wastes utilized and hazardous waste disposed was consolidated into Hazardous wastes utilized and disposed.
c)The data in the table refer to the data of common industrial solid wastes since 2016.

5-2 各地区固体废物产生和利用情况(2020年)
Generation and Utilization of Solid Wastes by Region (2020)

单位：万吨 (10 000 tons)

地　区	Region	一般工业固体废物产生量 Common Industrial Solid Wastes Generated	一般工业固体废物综合利用量 Common Industrial Solid Wastes Utilized	一般工业固体废物处置量 Common Industrial Solid Wastes Disposed	危险废物产生量 Hazardous Wastes Generated	危险废物利用处置量 Hazardous Wastes Utilized and Disposed
全　国	**National Total**	**367546**	**203798**	**91749**	**7281.81**	**7630.48**
北　京	Beijing	415	193	223	24.97	24.54
天　津	Tianjin	1739	1731	6	63.70	63.76
河　北	Hebei	34081	18880	11399	357.46	352.16
山　西	Shanxi	42635	17150	19546	213.98	211.77
内蒙古	Inner Mongolia	35117	12377	13711	540.58	477.09
辽　宁	Liaoning	25526	11478	7942	137.53	130.23
吉　林	Jilin	4676	2407	1512	197.02	167.15
黑龙江	Heilongjiang	6769	3166	1328	118.54	126.56
上　海	Shanghai	1809	1702	111	131.91	132.66
江　苏	Jiangsu	11870	10866	970	522.05	524.41
浙　江	Zhejiang	4591	4546	56	444.79	462.14
安　徽	Anhui	14012	12026	1813	168.02	167.10
福　建	Fujian	6043	4016	2044	138.55	138.88
江　西	Jiangxi	12083	5498	816	147.66	149.66
山　东	Shandong	24989	19612	1587	933.35	1004.41
河　南	Henan	15355	11468	2099	212.31	226.94
湖　北	Hubei	8987	6178	2016	122.17	122.24
湖　南	Hunan	4360	3270	538	218.63	228.33
广　东	Guangdong	6944	5631	956	418.21	434.35
广　西	Guangxi	9030	4389	1396	252.21	270.09
海　南	Hainan	714	484	228	9.77	9.58
重　庆	Chongqing	2272	1909	445	83.53	88.12
四　川	Sichuan	14903	5656	2562	456.89	457.50
贵　州	Guizhou	9516	6610	1494	57.05	57.06
云　南	Yunnan	17473	9060	4621	290.16	888.39
西　藏	Tibet	1940	185	1	0.49	0.49
陕　西	Shaanxi	12430	6443	4903	160.96	165.60
甘　肃	Gansu	5450	2804	1728	157.63	128.61
青　海	Qinghai	15724	6892	203	319.65	81.97
宁　夏	Ningxia	6738	3117	3336	97.77	100.73
新　疆	Xinjiang	9354	4053	2161	284.27	237.96

资料来源：生态环境部(以下各表同)。
Source:Ministry of Ecology and Environment (the same as in the following tables).

5-3 各行业固体废物产生和利用情况(2020年)
Generation and Utilization of Solid Wastes by Sector (2020)

单位：万吨　　(10 000 tons)

行　业	Sector	一般工业固体废物产生量 Common Industrial Solid Wastes Generated	一般工业固体废物综合利用量 Common Industrial Solid Wastes Utilized	一般工业固体废物处置量 Common Industrial Solid Wastes Disposed
行业总计	**Total**	**367546.0**	**203797.6**	**91748.5**
农、林、牧、渔专业及辅助性活动	Professional and Support Activities for Agriculture, Forestry, Animal Husbandry and Fishery	27.7	22.4	3.8
煤炭开采和洗选业	Mining and Washing of Coal	48677.0	28748.2	18152.7
石油和天然气开采业	Extraction of Petroleum and Natural Gas	243.0	74.7	174.3
黑色金属矿采选业	Mining and Processing of Ferrous Metal Ores	53608.1	14740.2	19568.0
有色金属矿采选业	Mining and Processing of Non-ferrous Metal Ores	46447.1	11098.6	11901.0
非金属矿采选业	Mining and Processing of Non-metal Ores	4882.9	3691.9	906.6
开采专业及辅助性活动	Professional and Support Activities for Mining	568.7	365.9	213.0
其他采矿业	Mining of Other Ores	73.2	69.5	8.9
农副食品加工业	Processing of Food from Agricultural Products	1725.6	1449.0	266.8
食品制造业	Manufacture of Foods	983.3	775.2	174.3
酒、饮料和精制茶制造业	Manufacture of Liquor, Beverages and Refined Tea	960.2	817.6	141.5
烟草制品业	Manufacture of Tobacco	33.2	18.5	15.8
纺织业	Manufacture of Textile	503.3	392.7	110.2
纺织服装、服饰业	Manufacture of Textile, Wearing Apparel and Accessories	11.7	7.2	4.4
皮革、毛皮、羽毛及其制品和制鞋业	Manufacture of Leather, Fur, Feather and Related Products and Footware	64.5	29.9	33.8
木材加工和木、竹、藤、棕、草制品业	Processing of Timber, Manufacture of Wood, Bamboo, Rattan, Palm and Straw Products	166.2	145.8	21.2
家具制造业	Manufacture of Furniture	54.2	46.4	8.1
造纸及纸制品业	Manufacture of Paper and Paper Products	2275.2	1527.1	741.7
印刷和记录媒介复制业	Printing and Reproduction of Recording Media	85.7	62.4	23.9
文教、工美、体育和娱乐用品制造业	Manufacture of Articles for Culture, Education, Arts and Crafts, Sport and Entertainment Activities	8.7	6.9	1.8
石油、煤炭及其他燃料加工业	Processing of Petroleum, Coal and Other Fuels	5916.4	1999.7	3733.9

5-3 续表 1 continued 1

单位：万吨 (10 000 tons)

行 业	Sector	一般工业固体废物产生量 Common Industrial Solid Wastes Generated	一般工业固体废物综合利用量 Common Industrial Solid Wastes Utilized	一般工业固体废物处置量 Common Industrial Solid Wastes Disposed
化学原料和化学制品制造业	Manufacture of Raw Chemical Materials and Chemical Products	37821.7	19718.5	7255.0
医药制造业	Manufacture of Medicines	339.4	183.4	122.1
化学纤维制造业	Manufacture of Chemical Fibers	326.1	284.2	41.5
橡胶和塑料制品业	Manufacture of Rubber and Plastics Products	163.9	124.7	39.9
非金属矿物制品业	Manufacture of Non-metallic Mineral Products	5511.9	5189.8	908.0
黑色金属冶炼和压延加工业	Smelting and Pressing of Ferrous Metals	56084.1	46850.7	6740.3
有色金属冶炼和压延加工业	Smelting and Pressing of Non-ferrous Metals	18408.5	6038.8	3865.7
金属制品业	Manufacture of Metal Products	830.2	615.8	223.3
通用设备制造业	Manufacture of General Purpose Machinery	330.0	243.8	87.6
专用设备制造业	Manufacture of Special Purpose Machinery	174.8	109.2	54.1
汽车制造业	Manufacture of Automobiles	814.3	605.8	212.4
铁路、船舶、航空航天和其他运输设备制造业	Manufacture of Railway, Ship, Aerospace and Other Transport Equipments	180.5	127.8	52.5
电气机械和器材制造业	Manufacture of Electrical Machinery and Apparatus	517.7	431.2	86.9
计算机、通信和其他电子设备制造业	Manufacture of Computers, Communication and Other Electronic Equipment	328.5	239.2	89.6
仪器仪表制造业	Manufacture of Measuring Instruments and Machinery	4.9	2.0	2.9
其他制造业	Other Manufacture	22.4	16.3	6.1
废弃资源综合利用业	Utilization of Waste Resources	1860.5	1614.2	229.6
金属制品、机械和设备修理业	Repair Service of Metal Products, Machinery and Equipment	44.3	41.5	3.4
电力、热力生产和供应业	Production and Supply of Electric Power and Heat Power	76265.2	55186.0	15488.3
燃气生产和供应业	Production and Supply of Gas	111.0	29.3	0.4
水的生产和供应业	Production and Supply of Water	90.2	55.8	33.7

5-3 续表 2 continued 2

单位：万吨 (10 000 tons)

行 业	Sector	危险废物产生量 Hazardous Wastes Generated	危险废物利用处置量 Hazardous Wastes Utilized and Disposed
行业总计	**Total**	**7281.81**	**7630.48**
农、林、牧、渔专业及辅助性活动	Professional and Support Activities for Agriculture, Forestry, Animal Husbandry and Fishery	0.34	0.34
煤炭开采和洗选业	Mining and Washing of Coal	1.99	1.97
石油和天然气开采业	Extraction of Petroleum and Natural Gas	209.06	250.88
黑色金属矿采选业	Mining and Processing of Ferrous Metal Ores	0.63	0.50
有色金属矿采选业	Mining and Processing of Non-ferrous Metal Ores	431.26	217.44
非金属矿采选业	Mining and Processing of Non-metal Ores	188.61	9.50
开采专业及辅助性活动	Professional and Support Activities for Mining	2.01	2.02
其他采矿业	Mining of Other Ores	0.00	
农副食品加工业	Processing of Food from Agricultural Products	1.04	1.02
食品制造业	Manufacture of Foods	3.58	4.10
酒、饮料和精制茶制造业	Manufacture of Liquor, Beverages and Refined Tea	0.44	0.44
烟草制品业	Manufacture of Tobacco	0.28	0.25
纺织业	Manufacture of Textile	7.53	7.81
纺织服装、服饰业	Manufacture of Textile, Wearing Apparel and Accessories	0.46	0.31
皮革、毛皮、羽毛及其制品和制鞋业	Manufacture of Leather, Fur, Feather and Related Products and Footware	9.54	9.76
木材加工和木、竹、藤、棕、草制品业	Processing of Timber, Manufacture of Wood, Bamboo, Rattan, Palm and Straw Products	0.84	0.74
家具制造业	Manufacture of Furniture	3.38	3.65
造纸及纸制品业	Manufacture of Paper and Paper Products	7.62	8.94
印刷和记录媒介复制业	Printing and Reproduction of Recording Media	4.12	4.48
文教、工美、体育和娱乐用品制造业	Manufacture of Articles for Culture, Education, Arts and Crafts, Sport and Entertainment Activities	1.45	1.35
石油、煤炭及其他燃料加工业	Processing of Petroleum, Coal and Other Fuels	935.19	936.63

5-3 续表 3 continued 3

单位：万吨 (10 000 tons)

行 业	Sector	危险废物产生量 Hazardous Wastes Generated	危险废物利用处置量 Hazardous Wastes Utilized and Disposed
化学原料和化学制品制造业	Manufacture of Raw Chemical Materials and Chemical Products	1598.57	1581.26
医药制造业	Manufacture of Medicines	169.56	170.86
化学纤维制造业	Manufacture of Chemical Fibers	66.87	66.91
橡胶和塑料制品业	Manufacture of Rubber and Plastics Products	22.26	22.54
非金属矿物制品业	Manufacture of Non-metallic Mineral Products	82.59	78.60
黑色金属冶炼和压延加工业	Smelting and Pressing of Ferrous Metals	662.08	678.21
有色金属冶炼和压延加工业	Smelting and Pressing of Non-ferrous Metals	1222.36	1914.02
金属制品业	Manufacture of Metal Products	340.59	341.15
通用设备制造业	Manufacture of General Purpose Machinery	37.03	37.16
专用设备制造业	Manufacture of Special Purpose Machinery	10.97	13.34
汽车制造业	Manufacture of Automobiles	64.07	64.58
铁路、船舶、航空航天和其他运输设备制造业	Manufacture of Railway, Ship, Aerospace and Other Transport Equipments	15.54	15.81
电气机械和器材制造业	Manufacture of Electrical Machinery and Apparatus	62.72	63.35
计算机、通信和其他电子设备制造业	Manufacture of Computers, Communication and Other Electronic Equipment	369.46	369.56
仪器仪表制造业	Manufacture of Measuring Instruments and Machinery	0.77	0.78
其他制造业	Other Manufacture	2.94	2.87
废弃资源综合利用业	Utilization of Waste Resources	75.16	77.78
金属制品、机械和设备修理业	Repair Service of Metal Products, Machinery and Equipment	13.88	14.16
电力、热力生产和供应业	Production and Supply of Electric Power and Heat Power	649.67	650.65
燃气生产和供应业	Production and Supply of Gas	4.47	4.18
水的生产和供应业	Production and Supply of Water	0.86	0.60

5-4 主要城市固体废物产生和排放情况(2020年)
Generation and Discharge of Solid Wastes in Major Cities (2020)

单位：万吨 (10 000 tons)

城　市	City	一般工业固体废物产生量 Common Industrial Solid Wastes Generated	一般工业固体废物综合利用量 Common Industrial Solid Wastes Utilized	一般工业固体废物处置量 Common Industrial Solid Wastes Disposed
北　京	Beijing	415.4	193.1	222.7
天　津	Tianjin	1738.8	1731.5	5.8
石家庄	Shijiazhuang	1486.8	1427.4	42.8
太　原	Taiyuan	2762.4	993.7	1068.4
呼和浩特	Hohhot	1305.1	282.8	1022.1
沈　阳	Shenyang	1064.4	845.8	178.0
长　春	Changchun	654.9	599.6	115.7
哈尔滨	Harbin	537.2	415.6	109.9
上　海	Shanghai	1808.8	1701.8	111.4
南　京	Nanjing	1888.0	1770.1	69.6
杭　州	Hangzhou	546.6	551.5	3.9
合　肥	Hefei	1120.5	922.9	8.6
福　州	Fuzhou	839.5	733.3	104.0
南　昌	Nanchang	315.8	309.3	6.5
济　南	Jinan	2263.4	2169.4	117.0
郑　州	Zhengzhou	1295.4	1061.0	192.2
武　汉	Wuhan	1274.9	1232.5	30.5
长　沙	Changsha	141.9	114.1	20.2
广　州	Guangzhou	566.9	549.8	17.3
南　宁	Nanning	153.1	136.1	21.2
海　口	Haikou	6.1	5.7	0.3
重　庆	Chongqing	2272.1	1909.5	444.8
成　都	Chengdu	304.0	278.1	26.1
贵　阳	Guiyang	1572.9	1104.5	434.2
昆　明	Kunming	2010.2	478.4	1552.5
拉　萨	Lhasa	1599.6	158.6	0.2
西　安	Xi'an	183.1	156.0	27.1
兰　州	Lanzhou	522.7	510.6	5.8
西　宁	Xining	412.2	387.8	9.9
银　川	Yinchuan	1386.2	650.0	724.3
乌鲁木齐	Urumqi	974.0	839.1	132.5

六、自然生态

Natural Ecology

6-1 全国自然生态情况(2000-2020年)
Natural Ecology(2000-2020)

年 份 Year	自然保护区数(个) Number of Nature Reserves (unit)	自然保护区面积(万公顷) Area of Nature Reserves (10 000 hectares)	保护区面积占辖区面积比重(%) Percentage of Nature Reserves in the Region (%)	累计除涝面积(万公顷) Area with Flood Prevention Measures (10 000 hectares)	累计水土流失治理面积(万公顷) Area of Soil Erosion under Control (10 000 hectares)
2000	1227	9821	9.9		8096.1
2001	1551	12989	12.9		8153.9
2002	1757	13295	13.2		8541.0
2003	1999	14398	14.4	2113.9	8971.4
2004	2194	14823	14.8	2119.8	9200.5
2005	2349	14995	15.0	2134.0	9465.5
2006	2395	15154	15.2	2137.6	9749.1
2007	2531	15188	15.2	2141.9	9987.1
2008	2538	14894	14.9	2142.5	10158.7
2009	2541	14775	14.7	2158.4	10454.5
2010	2588	14944	14.9	2169.2	10680.0
2011	2640	14971	14.9	2172.2	10966.4
2012	2669	14979	14.9	2185.7	10295.3
2013	2697	14631	14.8	2194.3	10689.2
2014	2729	14699	14.8	2236.9	11160.9
2015	2740	14703	14.8	2271.3	11557.8
2016	2750	14733	14.9	2306.7	12041.2
2017	2750	14717	14.9	2382.4	12583.9
2018				2426.2	13153.2
2019				2453.0	13732.5
2020				2458.6	14312.2

6-2 各地区土地利用情况(2019年)
Land Use by Region (2019)

单位：千公顷 (1 000 hectares)

地 区	Region	耕 地 Cultivated Land	园 地 Garden Land	林 地 Forest Land	草 地 Grassland	湿 地 Wetland
全 国	**National Total**	**127861.9**	**20171.6**	**284125.9**	**264530.1**	**23469.3**
北 京	Beijing	93.5	126.3	967.6	14.5	3.1
天 津	Tianjin	329.6	36.9	148.3	15.0	32.7
河 北	Hebei	6034.2	1005.9	6425.3	1947.3	142.7
山 西	Shanxi	3869.5	640.9	6095.7	3105.1	54.4
内蒙古	Inner Mongolia	11496.5	47.2	24360.0	54171.9	3809.4
辽 宁	Liaoning	5182.1	527.9	6015.7	487.2	286.4
吉 林	Jilin	7498.5	76.5	8759.0	674.7	230.3
黑龙江	Heilongjiang	17195.4	62.4	21623.2	1185.7	3501.0
上 海	Shanghai	162.0	15.1	81.8	13.2	72.7
江 苏	Jiangsu	4089.7	230.3	787.0	93.6	416.4
浙 江	Zhejiang	1290.5	760.3	6093.6	63.5	165.2
安 徽	Anhui	5546.9	372.7	4091.5	47.9	47.7
福 建	Fujian	932.0	918.4	8811.4	74.9	188.6
江 西	Jiangxi	2721.6	572.4	10413.7	88.7	28.7
山 东	Shandong	6461.9	1262.4	2605.3	235.2	246.2
河 南	Henan	7514.1	427.8	4396.3	257.0	39.1
湖 北	Hubei	4768.6	487.0	9280.1	89.4	61.2
湖 南	Hunan	3629.2	886.1	12717.1	140.5	236.1
广 东	Guangdong	1901.9	1324.8	10792.5	238.5	178.9
广 西	Guangxi	3307.6	1670.2	16095.2	276.2	127.2
海 南	Hainan	486.9	1217.7	1174.1	17.1	121.2
重 庆	Chongqing	1870.2	280.6	4689.0	23.6	15.0
四 川	Sichuan	5227.2	1203.2	25419.6	9687.8	1230.8
贵 州	Guizhou	3472.6	568.1	11210.1	188.3	7.1
云 南	Yunnan	5395.5	2572.2	24969.0	1322.9	39.8
西 藏	Tibet	442.1	11.9	17896.1	80065.0	4302.5
陕 西	Shaanxi	2934.3	1214.0	12476.0	2210.3	48.7
甘 肃	Gansu	5209.5	428.6	7962.8	14307.1	1185.6
青 海	Qinghai	564.2	62.3	4603.6	39470.8	5101.2
宁 夏	Ningxia	1195.4	91.5	952.6	2031.0	24.9
新 疆	Xinjiang	7038.6	1070.1	12212.5	51986.0	1524.5

注：2019年土地利用数据来源于第三次全国国土调查。
Notes: Data of land use in 2019 were obtained from the third national land survey.

6-2 续表 continued

单位：千公顷 (1 000 hectares)

地 区	Region	城镇村及工矿用地 Land for Urban, Rural, Industrial and Mining Activities	交通运输用地 Land Used for Transport	水域及水利设施用地 Land Used for Water and Water Conservancy Facilities
全 国	**National Total**	**35306.4**	**9553.1**	**36287.9**
北 京	Beijing	313.6	49.3	61.7
天 津	Tianjin	332.2	45.3	237.3
河 北	Hebei	2102.9	407.1	571.1
山 西	Shanxi	1017.6	269.8	173.1
内蒙古	Inner Mongolia	1493.3	799.4	1061.8
辽 宁	Liaoning	1316.2	308.9	691.6
吉 林	Jilin	850.9	264.6	598.1
黑龙江	Heilongjiang	1164.4	544.3	1686.4
上 海	Shanghai	289.5	34.1	191.3
江 苏	Jiangsu	2097.3	365.1	2503.4
浙 江	Zhejiang	1146.8	246.9	702.5
安 徽	Anhui	1755.7	305.5	1728.5
福 建	Fujian	704.9	217.5	373.1
江 西	Jiangxi	1103.6	349.8	1289.6
山 东	Shandong	2806.5	446.4	1325.4
河 南	Henan	2449.5	381.7	850.7
湖 北	Hubei	1411.5	329.9	1983.7
湖 南	Hunan	1630.3	364.8	1258.5
广 东	Guangdong	1763.8	327.4	1342.3
广 西	Guangxi	979.9	352.3	749.0
海 南	Hainan	243.1	58.9	183.1
重 庆	Chongqing	637.7	155.8	271.7
四 川	Sichuan	1841.2	473.9	1053.2
贵 州	Guizhou	772.5	331.0	255.4
云 南	Yunnan	1073.7	526.4	608.5
西 藏	Tibet	162.3	166.6	5930.4
陕 西	Shaanxi	917.8	302.6	273.3
甘 肃	Gansu	852.6	331.2	409.4
青 海	Qinghai	367.8	140.5	2446.6
宁 夏	Ningxia	297.1	94.0	168.7
新 疆	Xinjiang	1410.0	561.9	5308.5

6-3 各地区自然保护基本情况(2020年)
Basic Conditions of Natural Protection by Region (2020)

地 区	Region	国家级自然保护区个数 (个) Number of National Nature Reserves (number)	国家级自然保护区面积 (万公顷) Area of National Nature Reserves (10 000 hectares)
全 国	**National Total**	**474**	**9821.3**
北 京	Beijing	2	2.9
天 津	Tianjin	3	3.1
河 北	Hebei	13	27.1
山 西	Shanxi	8	14.1
内蒙古	Inner Mongolia	29	434.9
辽 宁	Liaoning	19	90.5
吉 林	Jilin	24	122.8
黑龙江	Heilongjiang	49	389.4
上 海	Shanghai	2	6.5
江 苏	Jiangsu	3	30.2
浙 江	Zhejiang	11	14.8
安 徽	Anhui	8	14.4
福 建	Fujian	17	22.7
江 西	Jiangxi	16	26.1
山 东	Shandong	7	22.1
河 南	Henan	13	44.2
湖 北	Hubei	22	54.6
湖 南	Hunan	23	60.6
广 东	Guangdong	15	33.9
广 西	Guangxi	23	37.2
海 南	Hainan	10	16.3
重 庆	Chongqing	6	25.5
四 川	Sichuan	32	304.9
贵 州	Guizhou	10	29.0
云 南	Yunnan	20	152.2
西 藏	Tibet	11	3712.3
陕 西	Shaanxi	26	62.8
甘 肃	Gansu	21	671.7
青 海	Qinghai	7	2116.2
宁 夏	Ningxia	9	46.6
新 疆	Xinjiang	15	1232.0

资料来源：国家林业和草原局。
Source: National Forestry and Grassland Administration.

6-4 各地区种草改良情况(2020年)
Construction of Grassland by Region (2020)

单位：千公顷 (1 000 hectares)

地 区	Region	种草面积 Grass Planting Area	草原改良面积 Grassland Improvement Area
全 国	**National Total**	**1187.1**	**2038.7**
北 京	Beijing	1.1	
天 津	Tianjin		
河 北	Hebei	31.7	44.4
山 西	Shanxi	1.1	16.8
内蒙古	Inner Mongolia	378.3	240.8
辽 宁	Liaoning	20.8	19.0
吉 林	Jilin	9.5	15.9
黑龙江	Heilongjiang	14.0	13.3
上 海	Shanghai		
江 苏	Jiangsu		
浙 江	Zhejiang		
安 徽	Anhui	0.2	
福 建	Fujian		
江 西	Jiangxi		
山 东	Shandong		
河 南	Henan		
湖 北	Hubei	0.1	
湖 南	Hunan		
广 东	Guangdong		
广 西	Guangxi		
海 南	Hainan		
重 庆	Chongqing	0.1	0.0
四 川	Sichuan	105.3	143.9
贵 州	Guizhou	1.6	
云 南	Yunnan	88.9	12.4
西 藏	Tibet	68.1	448.7
陕 西	Shaanxi	18.8	1.3
甘 肃	Gansu	89.9	162.7
青 海	Qinghai	174.2	241.6
宁 夏	Ningxia	10.9	20.0
新 疆	Xinjiang	172.5	657.8

6-5 各地区矿山生态修复情况(2020年)
Ecological Restoration of Mine by Region (2020)

地区	Region	现存采矿损毁土地面积（公顷）Existing Area of Land Destructed by Mining (hectare)	新增采矿损毁土地面积 Area of Land Destructed by Mining in Current Year	累计矿山生态修复土地面积（公顷）Accumulated Ecological Restoration Land Area of Mine (hectare)	新增矿山生态修复土地面积 Ecological Restoration Land Area of Mine in Current Year
全　国	**National Total**	**847192**	**61849**	**737722**	**165141**
北　京	Beijing	1934		5991	357
天　津	Tianjin	2733		2137	489
河　北	Hebei	56651	1119	44206	15784
山　西	Shanxi	100560	6932	97383	17298
内蒙古	Inner Mongolia	138510	9788	97198	30491
辽　宁	Liaoning	60687	952	14064	2358
吉　林	Jilin	302		407	62
黑龙江	Heilongjiang	55730	526	7829	1481
上　海	Shanghai	24		201	12
江　苏	Jiangsu	21856	296	19431	4039
浙　江	Zhejiang	6545	453	9503	1251
安　徽	Anhui	57100	1667	28571	2953
福　建	Fujian	7606	486	7286	1885
江　西	Jiangxi	22786	1412	26992	5135
山　东	Shandong	39322	3511	69043	11755
河　南	Henan	15753	5127	40624	16093
湖　北	Hubei	11109	407	9877	2787
湖　南	Hunan	19473	620	16191	4414
广　东	Guangdong	30864	995	13503	2838
广　西	Guangxi	37103	8888	14288	1720
海　南	Hainan	1854	190	2376	707
重　庆	Chongqing	3779	336	2881	909
四　川	Sichuan	22624	889	16307	4727
贵　州	Guizhou	4151	1085	11464	2588
云　南	Yunnan	29403	2105	30618	3922
西　藏	Tibet	9201	79	1105	220
陕　西	Shaanxi	27175	5441	51145	4859
甘　肃	Gansu	21057	3378	21384	5419
青　海	Qinghai	5546	416	10154	1321
宁　夏	Ningxia	5696	139	30822	9466
新　疆	Xinjiang	30059	4611	34740	7802

资料来源：自然资源部。
Source: Ministry of Natural Resources.

6-5 续表 continued

地区	Region	本年投入矿山生态修复资金（万元）Investment of Mine Ecological Restoration in Current Year (10 000 yuan)	中央财政资金 Central Finance	地方财政资金 Local Finance	矿山企业资金 Mine Enterprise Investment	其他社会资金 Other Social Investment
全 国	**National Total**	**4692963**	**612356**	**1416044**	**2042793**	**621769**
北 京	Beijing	23802		14714	9088	
天 津	Tianjin	29761	867	4602		24292
河 北	Hebei	468119	31646	256006	48100	132367
山 西	Shanxi	406198	49761	73768	278712	3957
内蒙古	Inner Mongolia	540463	17987	69250	446886	6340
辽 宁	Liaoning	68103	49	14491	52510	1053
吉 林	Jilin	1581		581	1000	
黑龙江	Heilongjiang	62449	10491	42665	8462	831
上 海	Shanghai					
江 苏	Jiangsu	231948	12456	196018	13025	10449
浙 江	Zhejiang	123328	1674	59920	61734	
安 徽	Anhui	155537	12523	75652	47089	20273
福 建	Fujian	68722	11571	15485	39957	1710
江 西	Jiangxi	166083	11128	26544	73778	54632
山 东	Shandong	452989	22344	111598	111544	207503
河 南	Henan	454384	74465	105784	168175	105960
湖 北	Hubei	165265	20112	49112	91075	4966
湖 南	Hunan	280900	156831	70517	51432	2119
广 东	Guangdong	119379	12882	29514	65207	11776
广 西	Guangxi	40213	2000	9851	23029	5333
海 南	Hainan	21113	168	1324	19620	
重 庆	Chongqing	40340	15605	10005	14038	692
四 川	Sichuan	145048	55155	31162	58034	697
贵 州	Guizhou	122519	15996	9576	93693	3253
云 南	Yunnan	88177	19839	10536	44409	13394
西 藏	Tibet	29968	2580	13792	13586	10
陕 西	Shaanxi	71663	9639	31521	28992	1511
甘 肃	Gansu	89121	2171	21149	64750	1051
青 海	Qinghai	26057	5656	1815	18586	
宁 夏	Ningxia	43376	21320	11537	10500	20
新 疆	Xinjiang	156359	15443	47554	85782	7580

6-6 各流域除涝和水土流失治理情况(2020年)
Flood Prevention & Soil Erosion under Control by River Valley (2020)

单位：千公顷 (1 000 hectares)

流域片	River Valley	累计除涝面积 Area with Flood Prevention Measures	本年新增除涝面积 Increase Area with Flood Prevention	累计水土流失治理面积 Area of Soil Erosion under Control	#小流域治理面积 Small Drainage Area	本年新增水土流失治理面积 Increase Area of Soil Erosion under Control
全　国	**National Total**	**24586.4**	**242.6**	**143122.1**	**44422.6**	**6430.6**
松花江区	Songhuajiang River	4368.1	0.4	11065.5	1758.6	738.5
辽河区	Liaohe River	1242.4		9846.9	3572.9	310.0
海河区	Haihe River	3300.7	6.3	11122.8	5030.0	414.0
黄河区	Huanghe River	589.2	4.6	27850.0	8037.1	1362.2
淮河区	Huaihe River	8391.9	126.1	6466.3	2793.1	189.6
长江区	Changjiang River	5117.6	78.9	47390.7	17774.1	1711.1
#太湖	Taihu Lake	719.3	7.9			
东南诸河区	Southeastern Rivers	476.4	12.5	7547.4	1399.5	201.7
珠江区	Zhujiang River	963.9	11.7	9387.3	2103.6	483.4
西南诸河区	Southwestern Rivers	112.8	2.2	5543.1	982.2	361.9
西北诸河区	Northwestern Rivers	23.4		6902.0	971.5	658.4

资料来源：水利部(下表同)。
Source: Ministry of Water Resource (the same as in the following table).

6-7 各地区除涝和水土流失治理情况(2020年)
Flood Prevention & Soil Erosion under Control by Region (2020)

单位：千公顷 (1 000 hectares)

地区 Region	累计除涝面积 Area with Flood Prevention Measures	本年新增除涝面积 Increase Area with Flood Prevention	累计水土流失治理面积 Area of Soil Erosion under Control		本年新增水土流失治理面积 Increase Area of Soil Erosion under Control	水土保持及生态项目本年完成投资(万元) Investment of Soil and Water Conservation & Ecological Projects (10000 yuan)
				#小流域治理面积 Smasll Drainage Area		
全　国 National Total	**24586.4**	**242.6**	**143122.1**	**44422.6**	**6430.6**	**12209480.4**
北　京 Beijing	12.0		928.7	928.7	27.1	122928.1
天　津 Tianjin	364.6		101.8	51.0	1.2	77553.1
河　北 Hebei	1638.1	0.0	5934.4	3108.2	219.9	969801.3
山　西 Shanxi	89.3		7395.7	717.6	360.6	246440.0
内蒙古 Inner Mongolia	277.0		15221.5	3400.0	658.1	126683.5
辽　宁 Liaoning	931.7		5723.6	2599.2	170.2	65583.1
吉　林 Jilin	1034.0		2801.6	210.4	208.0	97070.3
黑龙江 Heilongjiang	3411.1	0.4	5747.5	1154.9	417.7	23707.8
上　海 Shanghai	53.4	0.4				1021993.2
江　苏 Jiangsu	4483.0	73.6	950.7	346.4	10.3	913203.5
浙　江 Zhejiang	567.4	12.2	3659.7	622.7	48.4	495356.7
安　徽 Anhui	2490.2	32.0	2157.0	854.6	81.1	596007.6
福　建 Fujian	169.8	3.5	4031.8	820.8	157.7	828454.8
江　西 Jiangxi	441.2	6.2	6195.9	1503.4	126.7	393027.4
山　东 Shandong	3096.2	42.3	4430.3	1725.6	155.7	328274.4
河　南 Henan	2167.1	18.3	4033.8	2301.3	131.2	1517202.3
湖　北 Hubei	1429.8	31.2	6396.0	1993.7	143.5	398070.3
湖　南 Hunan	443.5	2.6	4063.1	1079.0	170.8	160593.0
广　东 Guangdong	543.8	3.0	1953.7	196.4	95.6	1628337.9
广　西 Guangxi	237.2	0.7	3048.0	730.9	202.9	97821.6
海　南 Hainan	25.8	0.4	139.3	83.1	12.8	68578.3
重　庆 Chongqing			3856.0	1764.8	133.5	94820.5
四　川 Sichuan	103.6	2.4	10974.6	4983.5	511.0	201156.7
贵　州 Guizhou	125.9	0.7	7577.0	3306.3	258.8	166717.3
云　南 Yunnan	304.8	11.0	10543.1	2236.1	524.4	245043.3
西　藏 Tibet	4.0	0.6	711.9	151.4	89.4	21835.7
陕　西 Shaanxi	103.4	1.0	8163.7	3159.7	306.2	862921.6
甘　肃 Gansu	16.0		10100.0	2761.8	721.1	190101.7
青　海 Qinghai			1607.8	550.5	204.0	52356.0
宁　夏 Ningxia			2471.5	794.0	88.4	40205.6
新　疆 Xinjiang	22.6		2202.3	286.7	194.2	157633.7

6-8 各地区沙化土地情况
Sandy Land by Region

单位：公顷 (hectare)

地 区	Region	沙化土地面积 Area of Sandy Land	流动沙地(丘) Mobile Sand	半固定沙地(丘) Semi-fixed Sand	固定沙地(丘) Fixed Sand	露沙地 Bare Sand
全 国	**National Total**	**172117498**	**39885227**	**16431600**	**29343039**	**9103907**
北 京	Beijing	27608			27608	
天 津	Tianjin	13913			6299	
河 北	Hebei	2103404		11989	1000102	
山 西	Shanxi	580169		22357	475348	3409
内蒙古	Inner Mongolia	40787884	7805285	4937009	13696571	5122349
辽 宁	Liaoning	510696	679	4930	352668	425
吉 林	Jilin	704447		3288	354004	
黑龙江	Heilongjiang	473978		1975	373083	
上 海	Shanghai					
江 苏	Jiangsu	525934			63410	
浙 江	Zhejiang	42			42	
安 徽	Anhui	171079			57647	
福 建	Fujian	35089	1530	126	11733	
江 西	Jiangxi	64004	450	1208	27416	
山 东	Shandong	681769	108	357	182375	
河 南	Henan	596796	86	1846	105042	
湖 北	Hubei	189659	3016	1891	78306	
湖 南	Hunan	58716	42	26	56900	
广 东	Guangdong	53820	2055	276	32596	
广 西	Guangxi	186570	418	197	52882	
海 南	Hainan	55039			44189	
重 庆	Chongqing	1308		2	95	
四 川	Sichuan	863080	5351	28455	203441	588349
贵 州	Guizhou	2555	430	80	1215	
云 南	Yunnan	29420	2712	452	12038	
西 藏	Tibet	21583626	377511	1042668	491300	1405845
陕 西	Shaanxi	1353940	3535	27787	1242894	
甘 肃	Gansu	12170243	1853606	1337595	1748758	43868
青 海	Qinghai	12461713	1116733	1139892	1288737	1939662
宁 夏	Ningxia	1124573	71470	87972	794424	
新 疆	Xinjiang	74706423	28640211	7779222	6561916	

注：本表为第五次全国荒漠化和沙化监测(2014年)资料。
Note:Data in the table are the figures of the Fifth National Desertification and Sandy Land Monitoring (2014).

6-8 续表 continued

单位：公顷 (hectare)

地 区	Region	沙化耕地 Arable Land Desertificated	非生物治沙工程地 Non-biological Sand Control Project	风蚀残丘 Mound of Wind Erosion	风蚀劣地 Badlands of Wind Erosion	戈壁 Gobi
全 国	**National Total**	**4849955**	**8863**	**922292**	**5456858**	**66115757**
北 京	Beijing					
天 津	Tianjin	7614				
河 北	Hebei	1091314				
山 西	Shanxi	79055				
内蒙古	Inner Mongolia	444211		4360	1677076	7101023
辽 宁	Liaoning	151995				
吉 林	Jilin	347155				
黑龙江	Heilongjiang	98920				
上 海	Shanghai					
江 苏	Jiangsu	462524				
浙 江	Zhejiang					
安 徽	Anhui	113432				
福 建	Fujian	21701				
江 西	Jiangxi	34930				
山 东	Shandong	498928				
河 南	Henan	489822				
湖 北	Hubei	106447				
湖 南	Hunan	1748				
广 东	Guangdong	18893				
广 西	Guangxi	133073				
海 南	Hainan	10850				
重 庆	Chongqing	1211				
四 川	Sichuan	37268	216			
贵 州	Guizhou	830				
云 南	Yunnan	14218				
西 藏	Tibet	21861	981			18243462
陕 西	Shaanxi	79723				
甘 肃	Gansu	55460	848	39914	136137	6954058
青 海	Qinghai	29426	1281	742295	3096371	3107316
宁 夏	Ningxia	83607				87100
新 疆	Xinjiang	413741	5537	135722	547275	30622799

七、林业

Forestry

7-1 全国造林情况(2000-2020年)
Area of Afforestation (2000-2020)

单位：万公顷 (10 000 hectares)

年 份 Year	造林总面积 Total Area of Afforestation	人工造林 Manual Planting	飞播造林 Airplane Planting	封山育林 Closed Hillsides for Afforestation	退化林修复 Restoration of Degraded Forest	人工更新 Artificial Regeneration
2000	510.5	434.5	76.0			
2001	495.3	397.7	97.6			
2002	777.1	689.6	87.5			
2003	911.9	843.2	68.6			
2004	679.5	501.9	57.9	119.7		
2005	540.4	323.2	41.6	175.6		
2006	383.9	244.6	27.2	112.1		
2007	390.8	273.9	11.9	105.1		
2008	535.4	368.5	15.4	151.5		
2009	626.2	415.6	22.6	188.0		
2010	591.0	387.3	19.6	184.1		
2011	599.7	406.6	19.7	173.4		
2012	559.6	382.1	13.6	163.9		
2013	610.0	421.0	15.4	173.6		
2014	555.0	405.3	10.8	138.9		
2015	768.4	436.3	12.8	215.3	73.9	30.1
2016	720.4	382.4	16.2	195.4	99.1	27.3
2017	768.1	429.6	14.1	165.7	128.1	30.5
2018	729.9	367.8	13.5	178.5	132.9	37.2
2019	739.0	345.8	12.6	189.8	153.8	37.0
2020	693.4	300.0	15.1	177.5	162.0	38.8

注：自2015年起造林面积包括人工造林、飞播造林、新封山育林、退化林修复和人工更新。自2019年起新封山育林指标名称改为封山育林。

Note: Since 2015, total area of afforestation includes that of manual planting, airplane planting, new closed hillsides for affordstation, restoration of degraded forest, artificial regeneration. Since 2019, New Closed Hillsides for Affordstation is renamed as Closed Hillsides for Affordstation

7-2 各地区森林资源情况
Forest Resources by Region

地区	Region	林业用地面积(万公顷) Area of Afforested Land (10 000 hectares)	森林面积(万公顷) Forest Aera (10 000 hectares)	#人工林 Planted Forest	森林覆盖率(%) Forest Coverage Rate (%)	活立木总蓄积量(万立方米) Total Stock Volume of Living Trees (10 000 cu.m)	森林蓄积量(万立方米) Stock Volume of Forest (10 000 cu.m)
全国	**National Total**	**32368.55**	**22044.62**	**8003.10**	**22.96**	**1900713.20**	**1756022.99**
北京	Beijing	107.10	71.82	43.48	43.77	3000.81	2437.36
天津	Tianjin	20.39	13.64	12.98	12.07	620.56	460.27
河北	Hebei	775.64	502.69	263.54	26.78	15920.34	13737.98
山西	Shanxi	787.25	321.09	167.63	20.50	14778.65	12923.37
内蒙古	Inner Mongolia	4499.17	2614.85	600.01	22.10	166271.98	152704.12
辽宁	Liaoning	735.92	571.83	315.32	39.24	30888.53	29749.18
吉林	Jilin	904.79	784.87	175.94	41.49	105368.45	101295.77
黑龙江	Heilongjiang	2453.77	1990.46	243.26	43.78	199999.41	184704.09
上海	Shanghai	10.19	8.90	8.90	14.04	664.32	449.59
江苏	Jiangsu	174.98	155.99	150.83	15.20	9609.62	7044.48
浙江	Zhejiang	659.77	604.99	244.65	59.43	31384.86	28114.67
安徽	Anhui	449.33	395.85	232.91	28.65	26145.10	22186.55
福建	Fujian	924.40	811.58	385.59	66.80	79711.29	72937.63
江西	Jiangxi	1079.90	1021.02	368.70	61.16	57564.29	50665.83
山东	Shandong	349.34	266.51	256.11	17.51	13040.49	9161.49
河南	Henan	520.74	403.18	245.78	24.14	26564.48	20719.12
湖北	Hubei	876.09	736.27	197.42	39.61	39579.82	36507.91
湖南	Hunan	1257.59	1052.58	501.51	49.69	46141.03	40715.73
广东	Guangdong	1080.29	945.98	615.51	53.52	50063.49	46755.09
广西	Guangxi	1629.50	1429.65	733.53	60.17	74433.24	67752.45
海南	Hainan	217.50	194.49	140.40	57.36	16347.14	15340.15
重庆	Chongqing	421.71	354.97	95.93	43.11	24412.17	20678.18
四川	Sichuan	2454.52	1839.77	502.22	38.03	197201.77	186099.00
贵州	Guizhou	927.96	771.03	315.45	43.77	44464.57	39182.90
云南	Yunnan	2599.44	2106.16	507.68	55.04	213244.99	197265.84
西藏	Tibet	1798.19	1490.99	7.84	12.14	230519.15	228254.42
陕西	Shaanxi	1236.79	886.84	310.53	43.06	51023.42	47866.70
甘肃	Gansu	1046.35	509.73	126.56	11.33	28386.88	25188.89
青海	Qinghai	819.16	419.75	19.10	5.82	5556.86	4864.15
宁夏	Ningxia	179.52	65.60	43.55	12.63	1111.14	835.18
新疆	Xinjiang	1371.26	802.23	121.42	4.87	46490.95	39221.50

注：1.本表为第九次全国森林资源清查(2014-2018)资料。
　　2.除林业用地面积外，其他指标全国总计数包括台湾和香港、澳门特别行政区数据。

Notes: a) Data in the table are the figures of the Ninth National Forestry Survey (2014-2018).
　　b) Data of national total include forest resources in Taiwan and Hong Kong SAR and Macao SAR except Area of Afforested Land.

7-3 各地区造林情况(2020年)
Area of Afforestation by Region (2020)

单位：公顷 (hectare)

地区	Region	造林总面积 Total Area of Afforestation	按造林方式分 By Approach				
			人工造林 Manual Planting	飞播造林 Airplane Planting	封山育林 Closed Hillsides for Afforestation	退化林修复 Restoration of Degraded Forest	人工更新 Artificial Regeneration
全国	**National Total**	**6933696**	**3000060**	**151496**	**1774608**	**1619648**	**387884**
北京	Beijing	41762	14909		26733		120
天津	Tianjin	2535	1878			10	647
河北	Hebei	446772	241999	36732	149635	13306	5100
山西	Shanxi	272071	201658		46666	23747	
内蒙古	Inner Mongolia	649981	301516	28665	129869	183933	5998
辽宁	Liaoning	158008	30152	13334	55334	51659	7529
吉林	Jilin	123892	37573			77117	9202
黑龙江	Heilongjiang	121280	53725		20268	47287	
上海	Shanghai	5444	5444				
江苏	Jiangsu	51644	46336			115	5193
浙江	Zhejiang	119926	41759		2489	70341	5337
安徽	Anhui	151465	59639		42144	48433	1249
福建	Fujian	204315	4895		134855	17408	47157
江西	Jiangxi	270736	72022		75779	119307	3628
山东	Shandong	141753	102830			10938	27985
河南	Henan	211209	171883	17951	14959	6416	
湖北	Hubei	258160	111910		85225	52433	8592
湖南	Hunan	574010	129184		236244	208049	533
广东	Guangdong	264967	29625		103327	66180	65835
广西	Guangxi	211006	20998		20124	6487	163397
海南	Hainan	15162	2467				12695
重庆	Chongqing	303153	78633		78922	145598	
四川	Sichuan	343922	118658		100578	112064	12622
贵州	Guizhou	280039	220402			59637	
云南	Yunnan	334084	254181		53854	25844	205
西藏	Tibet	96986	38453	14533	44000		
陕西	Shaanxi	324453	148897	20281	84979	70296	
甘肃	Gansu	341959	240723		67598	33638	
青海	Qinghai	294308	38169	20000	153879	82260	
宁夏	Ningxia	87032	58190		5500	23342	
新疆	Xinjiang	204196	119219		41647	38470	4860
大兴安岭	Daxinganling	27466	2133			25333	

资料来源：国家林业和草原局(以下各表同)。
Source: National Forestry and Grassland Administration (the same as in the following tables).

7-4 各地区天然林资源保护情况(2020年)
Natural Forest Protection by Region (2020)

地区	Region	当年造林面积(公顷) Area of Afforestation in the Year (hectare)	按造林方式分 by Approach					林业投资完成额(万元) Investment Completed (10 000 yuan)	#国家投资 State Investment
			人工造林 Manual Planting	飞播造林 Airplane Planting	封山育林 Closed Hillsides for Afforestation	退化林修复 Restoration of Degraded Forest	人工更新 Artificial Regeneration		
全国	**National Total**	**477695**	**80729**	**36947**	**217699**	**140837**	**1483**	**704392**	**686991**
北京	Beijing								
天津	Tianjin								
河北	Hebei								
山西	Shanxi	35701	11566		24135			31501	31401
内蒙古	Inner Mongolia	77301	22179	16666	16000	22456		93381	93381
辽宁	Liaoning								
吉林	Jilin	68376				68376		78258	78149
黑龙江	Heilongjiang	16912	3127			13785		74789	74789
上海	Shanghai								
江苏	Jiangsu								
浙江	Zhejiang								
安徽	Anhui								
福建	Fujian								
江西	Jiangxi								
山东	Shandong								
河南	Henan	2126	762		1364			750	750
湖北	Hubei	13129	599		10330	2200		10191	7694
湖南	Hunan								
广东	Guangdong	5399	111		3518	287	1483	7009	6613
广西	Guangxi								
海南	Hainan								
重庆	Chongqing	34666	1333		33333			37049	37049
四川	Sichuan	34570	5841		28729			130177	129677
贵州	Guizhou								
云南	Yunnan	15615	10482		5133			33168	33168
西藏	Tibet	1072	133		939			19587	19587
陕西	Shaanxi	83144	9613	20281	44850	8400		49281	35523
甘肃	Gansu	8518	4486		4032			61783	61783
青海	Qinghai	44291	2289		42002			23247	23247
宁夏	Ningxia	8668	5334		3334			3591	3550
新疆	Xinjiang	741	741					4522	4522
大兴安岭	Daxinganling	27466	2133			25333		46108	46108

7-5 各地区退耕还林情况(2020年)
The Conversion of Cropland to Forest Program by Region (2020)

地区	Region	当年造林面积(公顷) Area of Afforestation in the Year (hectare)	按造林方式分 by Approach					林业投资完成额(万元) Investment Completed (10 000 yuan)	#国家投资 State Investment
			人工造林 Manual Planting	飞播造林 Airplane Planting	封山育林 Closed Hillsides for Afforestation	退化林修复 Restoration of Degraded Forest	人工更新 Artificial Regeneration		
全 国	**National Total**	**668863**	**667444**		**868**	**467**	**84**	**854710**	**835943**
北 京	Beijing								
天 津	Tianjin								
河 北	Hebei							15640	15640
山 西	Shanxi	44601	44601					51778	51778
内蒙古	Inner Mongolia	54001	54001					36432	36432
辽 宁	Liaoning								
吉 林	Jilin							26	26
黑龙江	Heilongjiang	78	78					5155	4954
上 海	Shanghai								
江 苏	Jiangsu								
浙 江	Zhejiang								
安 徽	Anhui								
福 建	Fujian								
江 西	Jiangxi							2036	2009
山 东	Shandong								
河 南	Henan								
湖 北	Hubei	7453	7453					13037	12886
湖 南	Hunan	708	640		68			2918	2880
广 东	Guangdong								
广 西	Guangxi							670	329
海 南	Hainan								
重 庆	Chongqing	35567	35567					117491	114735
四 川	Sichuan	14283	14283					48484	48470
贵 州	Guizhou	218702	218702					131838	130631
云 南	Yunnan	171317	170117		800	400		174083	163736
西 藏	Tibet								
陕 西	Shaanxi	31348	31348					47099	46896
甘 肃	Gansu	17407	17407					83215	82786
青 海	Qinghai							507	319
宁 夏	Ningxia								
新 疆	Xinjiang	73398	73247			67	84	124301	121436

7-6 三北、长江流域等重点防护林体系工程建设情况(2020年)
Key Shelterbelt Programs in North China and Changjiang River Basin (2020)

单位：公顷 (hectare)

地区 Region	当年造林面积 Area of Afforestation in the Year	按造林方式分 By Approach 人工造林 Manual Planting	飞播造林 Airplane Planting	封山育林 Closed Hillsides for Afforestation	退化林修复 Restoration of Degraded Forest	人工更新 Artificial Regeneration	林业投资完成额(万元) Investment Completed (10 000 yuan)	#国家投资 State Investment
全国 National Total	**879204**	**337342**	**25066**	**303717**	**207373**	**5706**	**779272**	**624319**
北京 Beijing	133	133					1000	1000
天津 Tianjin								
河北 Hebei	73220	48985	400	21902	1933		206076	106304
山西 Shanxi	52511	27122		16064	9325		48299	47757
内蒙古 Inner Mongolia	95572	44605	4666	22667	23268	366	47916	47076
辽宁 Liaoning	54513	12173		5500	36840		28735	28735
吉林 Jilin	13402	10248			3154		9735	9591
黑龙江 Heilongjiang	46935	22000		20268	4667		22023	21843
上海 Shanghai								
江苏 Jiangsu	2779	2553				226	23230	13230
浙江 Zhejiang								
安徽 Anhui	43769	10971		27332	5466		39747	28899
福建 Fujian	2724	373			1803	548	5883	5580
江西 Jiangxi	62594	18312		22648	21634		40248	35437
山东 Shandong	4326	3904			266	156	3863	3246
河南 Henan	25577	11572		7589	6416		13300	13300
湖北 Hubei	25980	13835		5664	5468	1013	20152	19352
湖南 Hunan	44077	14798		24529	4350	400	34523	30828
广东 Guangdong	6776	479		4879	265	1153	22953	22800
广西 Guangxi	5280	1758			2295	1227	4479	3374
海南 Hainan	8	8					70	70
重庆 Chongqing	11452	4053			7399		9272	9000
四川 Sichuan	5466	1399			4067		4550	4550
贵州 Guizhou								
云南 Yunnan	16207	6126		467	9614		10410	10410
西藏 Tibet	10800	10800					4000	4000
陕西 Shaanxi	56609	10473		30594	15542		24957	24957
甘肃 Gansu	70896	13354		46367	11175		24406	24238
青海 Qinghai	34168	2801	20000	11334	33		32660	32660
宁夏 Ningxia	24819	16686		1999	6134		19835	17990
新疆 Xinjiang	88611	27821		33914	26259	617	76950	58092

7-7 京津风沙源治理工程建设情况(2020年)
Desertification Control Program in the Vicinity of Beijing and Tianjin (2020)

单位：公顷 (hectare)

地 区 Region	当年造林面积 Area of Afforestation in the Year	按造林方式分 By Approach					林业投资完成额(万元) Investment Completed (10 000 yuan)	#国家投资 State Investment
		人工造林 Manual Planting	飞播造林 Airplane Planting	封山育林 Closed Hillsides for Afforestation	退化林修复 Restoration of Degraded Forest	人工更新 Artificial Regeneration		
全 国 National Total	**204558**	**99624**	**7333**	**87335**	**10266**		**174633**	**166269**
北 京 Beijing	27399	666		26733			9389	9389
河 北 Hebei	56379	32778		13335	10266		99421	91351
山 西 Shanxi	28158	21691		6467			24907	24842
内蒙古 Inner Mongolia	82589	37589	7333	37667			30625	30625
陕 西 Shaanxi	10033	6900		3133			10291	10062

7-8 石漠化治理工程情况(2020年)
Rocky Desertification Control Projects by Region (2020)

单位：公顷 (hectare)

地 区 Region	当年造林面积 Area of Afforestation in the Year	按造林方式分 By Approach					林业投资完成额(万元) Investment Completed (10 000 yuan)	#国家投资 State Investment
		人工造林 Manual Planting	飞播造林 Airplane Planting	封山育林 Closed Hillsides for Afforestation	退化林修复 Restoration of Degraded Forest	人工更新 Artificial Regeneration		
全 国 National Total	**130728**	**26091**		**104300**	**308**	**29**	**81314**	**79884**
湖 北 Hubei	33008	3028		29980			12248	12248
湖 南 Hunan	14765	6302		8155	308		24316	23560
广 西 Guangxi	20879	1380		19470		29	9199	8754
重 庆 Chongqing	6762	1390		5372			9178	8949
四 川 Sichuan	5932	1939		3993			3821	3821
云 南 Yunnan	49382	12052		37330			22552	22552

7-9 国家储备林建设工程情况(2020年)
National Forest Reserves Projects by Region (2020)

单位：公顷 (hectare)

地 区 Region	当年造林面积 Area of Afforestation in the Year	按造林方式分 By Approach					林业投资完成额(万元) Investment Completed (10 000 yuan)	#国家投资 State Investment
		人工造林 Manual Planting	飞播造林 Airplane Planting	封山育林 Closed Hillsides for Afforestation	退化林修复 Restoration of Degraded Forest	人工更新 Artificial Regeneration		
全 国 National Total	**57552**	**12433**			**28442**	**16677**	**135085**	**52443**
北 京 Beijing								
天 津 Tianjin	133					133	2723	2723
河 北 Hebei	736	70				666	1494	1494
山 西 Shanxi								
内蒙古 Inner Mongolia								
辽 宁 Liaoning								
吉 林 Jilin	1067				1067		600	600
黑龙江 Heilongjiang	25434	5047			20387		19143	19068
上 海 Shanghai								
江 苏 Jiangsu								
浙 江 Zhejiang								
安 徽 Anhui							3727	3727
福 建 Fujian	237					237	894	894
江 西 Jiangxi	1878	1005			873		1896	1595
山 东 Shandong								
河 南 Henan								
湖 北 Hubei	668				668		500	500
湖 南 Hunan	1676	482			1194		1360	1360
广 东 Guangdong	53				53		35	35
广 西 Guangxi	16270	831			133	15306	74775	8295
海 南 Hainan	335					335	287	287
重 庆 Chongqing	7333	3333			4000		22743	10170
四 川 Sichuan	133	133					100	100
贵 州 Guizhou								
云 南 Yunnan	932	865			67		1758	1545
西 藏 Tibet								
陕 西 Shaanxi	667	667					3050	50
甘 肃 Gansu								
青 海 Qinghai								
宁 夏 Ningxia								
新 疆 Xinjiang								

八、自然灾害及突发事件

Natural Disasters & Environmental Accidents

8-1 全国自然灾害情况(2000-2020年)
Natural Disasters (2000-2020)

年 份 Year	地质灾害 Geological Disasters			地震灾害 Earthquake Disasters		
	灾害起数 (处) Number of Geological Disasters (unit)	人员伤亡 (人) Casualties (person)	直接经济损失 (万元) Direct Economic Loss (10 000 yuan)	灾害次数 (次) Number of Earthquake Disasters (case)	人员伤亡 (人) Casualties (person)	直接经济损失 (亿元) Direct Economic Loss (100 million yuan)
2000	19653	27697	494201	10	2855	14.2
2001	5793	1675	348699	12		
2002	40246	2759	509740	5	362	1.3
2003	15489	1333	504325	21	7465	46.6
2004	13555	1407	408828	11	696	9.5
2005	17751	1223	357678	13	882	26.3
2006	102804	1227	431590	10	229	8.0
2007	25364	1123	247528	3	422	20.2
2008	26580	1598	326936	17	446293	8595.0
2009	10580	845	190109	8	407	27.4
2010	30670	3445	638509	12	13795	236.1
2011	15804	410	413151	18	540	602.1
2012	14675	636	625253	12	1279	82.9
2013	15374	929	1043568	14	15965	995.4
2014	10937	637	567027	20	3666	332.6
2015	8355	422	250528	14	1192	179.2
2016	10997	593	354290	16	104	66.9
2017	7521	523	359477	12	676	147.7
2018	2966	185	147128	11	85	30.3
2019	6181	299	276868	16	428	91.0
2020	7840	197	502027	5	35	20.5

注：自2019年起，地震灾害相关数据由应急管理部提供。

Note: Since 2019, the data of earthquake disasters is provided by Ministry of Emergency Management.

8-1 续表 continued

年 份 Year	海洋灾害 Marine Disasters			森林火灾 Forest Fires		
	发生次数 （次） Number of Marine Disasters (case)	死亡、失踪人数 （人） Deaths and Missing People (person)	直接经济损失 （亿元） Direct Economic Loss (100 million yuan)	灾害次数 （次） Number of Forest Fires (case)	人员伤亡 （人） Casualties (person)	其他损失折款 （万元） Economic Loss (10 000 yuan)
2000		79	120.8	5934	178	3069
2001		401	100.1	4933	58	7409
2002	126	124	65.9	7527	98	3610
2003	172	128	80.5	10463	142	37000
2004	155	140	54.2	13466	252	20213
2005	176	371	332.4	11542	152	15029
2006	180	492	218.5	8170	102	5375
2007	163	161	88.4	9260	94	12416
2008	128	152	206.1	14144	174	12594
2009	132	95	100.2	8859	110	14511
2010	113	137	132.8	7723	108	11611
2011	114	76	62.1	5550	91	20173
2012	138	68	155.0	3966	21	10802
2013	115	121	163.5	3929	55	6062
2014	100	24	136.1	3703	112	42513
2015	79	30	72.7	2936	26	6371
2016	123	60	46.5	2034	36	4136
2017	25	17	64.0	3223	46	4624
2018	28	73	47.8	2478	39	20445
2019	17	22	117.0	2345	76	16220
2020	15	6	8.3	1153	41	10078

8-2 各地区自然灾害损失情况(2020年)
Losses Caused by Natural Disasters by Region (2020)

单位：千公顷 (1 000 hectares)

地 区	Region	农作物受灾面积合计 Total		旱 灾 Drought	
		受灾 Area Affected	绝收 Total Crop Failure	受灾 Area Affected	绝收 Total Crop Failure
全 国	**National Total**	**19957.6**	**2706.0**	**5081.0**	**704.5**
北 京	Beijing	1.6	1.1		
天 津	Tianjin	17.2	8.4		
河 北	Hebei	371.4	69.4	19.3	3.1
山 西	Shanxi	1029.9	182.7	510.2	43.4
内蒙古	Inner Mongolia	2367.8	239.6	1165.1	149.7
辽 宁	Liaoning	1321.5	327.8	1121.5	317.0
吉 林	Jilin	1219.4	70.2	139.2	31.3
黑龙江	Heilongjiang	3178.5	212.4	76.0	5.4
上 海	Shanghai	5.2			
江 苏	Jiangsu	135.6	20.4		
浙 江	Zhejiang	114.1	10.8		
安 徽	Anhui	1237.9	393.9		
福 建	Fujian	65.3	3.7	31.1	1.6
江 西	Jiangxi	943.2	206.9	4.3	0.3
山 东	Shandong	382.2	33.6		
河 南	Henan	670.4	45.2	95.4	0.9
湖 北	Hubei	1632.2	263.3		
湖 南	Hunan	817.1	122.9	120.7	17.8
广 东	Guangdong	84.1	8.2	11.6	0.1
广 西	Guangxi	279.3	19.9	136.1	3.2
海 南	Hainan	40.4	2.2	32.2	1.9
重 庆	Chongqing	158.5	34.0	14.2	1.4
四 川	Sichuan	632.5	76.3	248.6	16.0
贵 州	Guizhou	233.4	50.0		
云 南	Yunnan	1225.0	95.0	871.7	33.9
西 藏	Tibet	9.2	1.8		
陕 西	Shaanxi	532.3	102.5	222.0	50.9
甘 肃	Gansu	395.6	33.4	7.2	
青 海	Qinghai	43.1	1.0		
宁 夏	Ningxia	175.4	16.6	5.2	2.7
新 疆	Xinjiang	638.3	52.8	249.4	23.9

资料来源：应急管理部。
注：农作物受灾面积合计、受灾人口、死亡人口(含失踪)和直接经济损失含地震、森林、海洋等灾害。
Source: Ministry of Emergency Management.
Note: Total areas affected of farm crops, population affected, deaths (including missing) and direct economic loss include earthquake, forest disasters and marine disasters.

8-2 续表 1 continued 1

单位：千公顷 (1 000 hectares)

地区	Region	洪涝、地质灾害和台风 Flood, Geophysical Disaster, Typhoon		风雹灾害 Wind and Hail	
		受灾 Area Affected	绝收 Total Crop Failure	受灾 Area Affected	绝收 Total Crop Failure
全　国	**National Total**	**11059.6**	**1498.0**	**2765.2**	**290.8**
北　京	Beijing			1.6	1.1
天　津	Tianjin			17.2	8.4
河　北	Hebei	20.1	2.1	189.9	26.2
山　西	Shanxi	62.7	9.6	163.3	9.4
内蒙古	Inner Mongolia	419.8	20.8	771.8	67.8
辽　宁	Liaoning	143.6	5.9	55.9	4.8
吉　林	Jilin	1008.6	35.0	71.5	3.9
黑龙江	Heilongjiang	2960.7	193.4	137.4	13.3
上　海	Shanghai	5.2			
江　苏	Jiangsu	123.6	19.7	12.0	0.7
浙　江	Zhejiang	114.1	10.8		
安　徽	Anhui	1221.3	393.7	6.0	0.1
福　建	Fujian	30.6	1.7	3.6	0.4
江　西	Jiangxi	902.0	202.7	28.2	1.7
山　东	Shandong	185.0	15.7	177.6	17.9
河　南	Henan	505.7	35.8	28.6	4.3
湖　北	Hubei	1503.2	251.1	125.7	11.4
湖　南	Hunan	659.2	98.7	36.1	6.4
广　东	Guangdong	72.4	8.1	0.1	
广　西	Guangxi	136.4	16.3	6.8	0.4
海　南	Hainan	8.1	0.3	0.1	
重　庆	Chongqing	128.0	28.5	15.3	4.0
四　川	Sichuan	359.7	57.4	23.3	2.9
贵　州	Guizhou	149.5	32.7	59.8	13.3
云　南	Yunnan	152.5	28.4	160.2	29.2
西　藏	Tibet	3.6	0.8	4.2	0.6
陕　西	Shaanxi	62.5	14.9	119.9	18.0
甘　肃	Gansu	74.7	11.6	136.0	15.7
青　海	Qinghai	22.5	0.2	17.2	0.8
宁　夏	Ningxia	15.1	0.1	20.2	1.2
新　疆	Xinjiang	9.2	2.0	375.7	26.9

8-2 续表 2 continued 2

地 区	Region	低温冷冻和雪灾(千公顷) Low-temperature, Freezing and Snow Disaster (1 000 hectares)		人口受灾 Population Affected		直接经济损失(亿元) Direct Economic Losses (100 million yuan)
		受灾 Area Affected	绝收 Total Crop Failure	受灾人口(万人次) Population Affected (10 000 person-times)	死亡人口(含失踪)(人) Deaths (including missing) (person)	
全 国	**National Total**	**1051.8**	**212.7**	**13829.7**	**591**	**3701.5**
北 京	Beijing			1.8		1.3
天 津	Tianjin			12.9		5.5
河 北	Hebei	142.1	38.0	286.1	4	39.9
山 西	Shanxi	293.7	120.3	607.3	10	93.7
内蒙古	Inner Mongolia	11.1	1.3	416.1	7	115.5
辽 宁	Liaoning	0.5	0.1	612.8	1	99.8
吉 林	Jilin	0.1		475.1	2	82.3
黑龙江	Heilongjiang	4.4	0.3	528.6	10	147.1
上 海	Shanghai			0.8		0.9
江 苏	Jiangsu			108.2	5	19.0
浙 江	Zhejiang			230.7	8	144.7
安 徽	Anhui	10.6	0.1	1064.1	15	602.6
福 建	Fujian			59.3	3	37.1
江 西	Jiangxi	8.7	2.2	954.7	13	355.3
山 东	Shandong	19.6		395.7	2	102.5
河 南	Henan	40.7	4.2	814.5	4	35.8
湖 北	Hubei	3.3	0.8	1575.1	44	278.0
湖 南	Hunan	1.1		907.8	29	166.3
广 东	Guangdong			119.0	15	54.6
广 西	Guangxi			336.9	38	118.7
海 南	Hainan			26.7		2.3
重 庆	Chongqing	1.0	0.1	401.8	39	167.4
四 川	Sichuan	0.9		1152.3	120	446.4
贵 州	Guizhou	24.1	4.0	475.2	54	89.9
云 南	Yunnan	40.6	3.5	1128.5	73	139.2
西 藏	Tibet	1.4	0.4	16.5	6	4.0
陕 西	Shaanxi	127.9	18.7	409.7	31	91.6
甘 肃	Gansu	177.7	6.1	485.3	35	191.5
青 海	Qinghai	3.4		48.3	17	3.9
宁 夏	Ningxia	134.9	12.6	93.2		16.7
新 疆	Xinjiang	4.0		84.7	6	48.0

8-3 地质灾害情况(2020年)
Occurrence of Geological Disasters(2020)

地 区	Region	发生地质灾害起数(处) Geological Disasters (case)	#滑 坡 Land-slide	#崩 塌 Collapse	#泥石流 Mudslide	#地面塌陷 Sinkhole	人员伤亡(人) Casualties (person)	#死亡人数 Deaths	直接经济损失(万元) Direct Economic Losses (10 000 yuan)
全 国	**National Total**	**7840**	**4810**	**1797**	**899**	**183**	**197**	**117**	**502027**
北 京	Beijing	16	1	15					123
天 津	Tianjin								
河 北	Hebei	4		3					203
山 西	Shanxi	1	1						458
内蒙古	Inner Mongolia								
辽 宁	Liaoning	1		1					20
吉 林	Jilin	5		5					62
黑龙江	Heilongjiang	2	1			1			2
上 海	Shanghai								
江 苏	Jiangsu	6	4	2					417
浙 江	Zhejiang	115	64	30	20	1	3	2	2107
安 徽	Anhui	345	167	171	5	2			2133
福 建	Fujian	27	9	16		2	1	1	669
江 西	Jiangxi	291	231	36	7	17	1	1	1491
山 东	Shandong	6	2	1		3	2	2	89
河 南	Henan	14	4	10			5	3	123
湖 北	Hubei	270	188	68	6	8	22	16	10820
湖 南	Hunan	659	520	85	21	29	17	10	16251
广 东	Guangdong	231	52	165	6	7	12	9	2057
广 西	Guangxi	570	106	380	15	67	20	12	7389
海 南	Hainan								
重 庆	Chongqing	274	162	86	9	16	18	11	4836
四 川	Sichuan	2513	1737	325	447	2	12	7	235247
贵 州	Guizhou	53	50	2		1	20	10	22560
云 南	Yunnan	375	269	24	78	1	37	14	27161
西 藏	Tibet	57	12	7	38		2		5075
陕 西	Shaanxi	161	72	71	10	8	8	7	4668
甘 肃	Gansu	1714	1099	233	229	16	16	11	155883
青 海	Qinghai	108	52	48	6	2	1	1	1994
宁 夏	Ningxia	17	6	11					106
新 疆	Xinjiang	5	1	2	2				83

资料来源：自然资源部。
Source: Ministry of Natural Resources.

8-4 地震灾害情况(2020年)
Earthquake Disasters (2020)

地 区	Region	地震灾害次数(次) Number of Earth-quakes (case)	5.0-5.9级 5.0-5.9 Richter Scale	6.0-6.9级 6.0-6.9 Richter Scale	7.0级以上 Over 7.0 Richter Scale	人员伤亡(人) Casualties (person)	#死亡人数 Deaths	直接经济损失(亿元) Direct Economic Losses (100 million yuan)
全 国	**National Total**	**5**	**3**	**2**		**35**	**5**	**20.54**
内蒙古	Inner Mongolia							0.04
湖 北	Hubei							0.03
重 庆	Chongqing							0.03
四 川	Sichuan	1	1					2.00
贵 州	Guizhou							0.10
云 南	Yunnan	1	1			32	4	1.00
西 藏	Tibet							0.20
甘 肃	Gansu							0.04
新 疆	Xinjiang	3	1	2		3	1	17.10

资料来源：应急管理部。
Source: Ministry of Emergency Management.

8-5 海洋灾害情况(2020年)
Marine Disasters (2020)

灾 种	Disaster Categories	发生次数(次) Occurance of Disasters (case)	死亡、失踪人数(人) Deaths and Missing People (person)	直接经济损失(亿元) Direct Economic Losses (100 million yuan)
合 计	**Total**	**15**	**6**	**8.32**
风暴潮	Stormy Tides	7		8.10
赤 潮	Red Tides			
海 浪	Sea Wave	8	6	0.22
海 冰	Sea Ice			

资料来源：自然资源部。
Source: Ministry of Natural Resources.

8-6 各地区森林火灾情况(2020年)
Forest Fires by Region(2020)

地 区	Region	森林火灾次数(次) Forest Fires (case)	一般火灾 Ordinary Fires	较大火灾 Major Fires	重大火灾 Severe Fires	特别重大火灾 Especially Severe Fires	火场总面积(公顷) Total Fire-affected Area (hectare)
全 国	**National Total**	**1153**	**722**	**424**	**7**		**25081**
北 京	Beijing	9	5	4			25
天 津	Tianjin						
河 北	Hebei	11	10	1			148
山 西	Shanxi	17	7	9	1		4289
内蒙古	Inner Mongolia	91	46	44	1		1647
辽 宁	Liaoning	11	8	3			67
吉 林	Jilin	19	17	2			22
黑龙江	Heilongjiang	50	48	2			52
上 海	Shanghai						
江 苏	Jiangsu	2	2				1
浙 江	Zhejiang	21	8	13			242
安 徽	Anhui	8	6	2			22
福 建	Fujian	55	29	26			660
江 西	Jiangxi	57	26	31			822
山 东	Shandong	13	9	4			1577
河 南	Henan	16	14	2			92
湖 北	Hubei	45	36	9			180
湖 南	Hunan	59	33	26			627
广 东	Guangdong	114	79	35			1002
广 西	Guangxi	206	121	85			2103
海 南	Hainan	48	12	35	1		840
重 庆	Chongqing	9	9				5
四 川	Sichuan	111	88	20	3		5178
贵 州	Guizhou	16	8	8			361
云 南	Yunnan	53	19	34			3742
西 藏	Tibet	2	1		1		756
陕 西	Shaanxi	77	57	20			406
甘 肃	Gansu	11	4	7			132
青 海	Qinghai	7	6	1			42
宁 夏	Ningxia	8	8				14
新 疆	Xinjiang	7	6	1			29

资料来源：应急管理部。
Source: Ministry of Emergency Management.

8-6 续表 continued

地区	Region	受害森林面积（公顷）Destructed Forest Area (hectare)	公益林 Non-commercial Forest	商品林 Commercial Forest	伤亡人数（人）Casualties (person)	#死亡人数 Deaths	其他损失折款（万元）Economic Losses (10 000 yuan)
全国	**National Total**	**8526.2**	**5893.8**	**2632.4**	**41**	**34**	**10077.7**
北京	Beijing	23.9	22.5	1.3			
天津	Tianjin						
河北	Hebei	2.5	0.7	1.8			300.0
山西	Shanxi	839.5	839.5				1482.3
内蒙古	Inner Mongolia	758.8	741.9	16.9			154.4
辽宁	Liaoning	55.8	51.0	4.7	1	1	5.7
吉林	Jilin	11.0	6.4	4.5	1	1	9.2
黑龙江	Heilongjiang	27.0	27.0				
上海	Shanghai						
江苏	Jiangsu	0.7		0.7			
浙江	Zhejiang	107.8	56.3	51.5			67.5
安徽	Anhui	11.0	9.5	1.5			
福建	Fujian	356.3	32.1	324.2	1	1	118.6
江西	Jiangxi	409.2	89.4	319.9			528.4
山东	Shandong	161.3	156.1	5.2	1	1	36.0
河南	Henan	41.7	35.2	6.5			6.9
湖北	Hubei	70.2	21.5	48.6	4	4	25.0
湖南	Hunan	283.6	93.5	190.1	4	1	123.7
广东	Guangdong	591.3	272.9	318.3	1	1	573.7
广西	Guangxi	786.4	274.4	512.1	2	1	247.1
海南	Hainan	528.1	1.3	526.7			82.6
重庆	Chongqing	0.6	0.4	0.2	1	1	3.4
四川	Sichuan	1452.7	1344.8	107.9	24	21	5503.5
贵州	Guizhou	62.7	22.4	40.3			54.4
云南	Yunnan	993.2	847.3	145.9			457.9
西藏	Tibet	576.9	576.9				100.0
陕西	Shaanxi	238.3	234.8	3.5	1	1	22.6
甘肃	Gansu	78.6	78.6				140.7
青海	Qinghai	35.8	35.8				16.7
宁夏	Ningxia	13.3	13.3				4.0
新疆	Xinjiang	8.3	8.3				13.6

8-7 各地区森林有害生物防治情况(2020年)
Prevention of Forest Biological Disasters by Region (2020)

单位：公顷，% (hectare, %)

地 区 Region	合 计 Total			森林病害 Forest Diseases		
	发生面积 Area of Occurrence	防治面积 Area of Prevention	防治率 Prevention Rate	发生面积 Area of Occurrence	防治面积 Area of Prevention	防治率 Prevention Rate
全 国 National Total	**12784471**	**10092402**	**78.9**	**2951416**	**2373697**	**80.4**
北 京 Beijing	31347	31347	100.0	1190	1190	100.0
天 津 Tianjin	48599	48599	100.0	6022	6022	100.0
河 北 Hebei	482842	443364	91.8	20002	17808	89.0
山 西 Shanxi	243483	225261	92.5	16069	13704	85.3
内蒙古 Inner Mongolia	970901	590014	60.8	139232	78476	56.4
辽 宁 Liaoning	554515	490649	88.5	37613	30869	82.1
吉 林 Jilin	367037	330916	90.2	20381	20190	99.1
黑龙江 Heilongjiang	462953	381844	82.5	34801	22402	64.4
上 海 Shanghai	12496	12475	99.8	862	861	99.9
江 苏 Jiangsu	115134	96802	84.1	13423	13418	100.0
浙 江 Zhejiang	519716	435008	83.7	491078	407659	83.0
安 徽 Anhui	442464	363702	82.2	142460	96056	67.4
福 建 Fujian	272087	263647	96.9	97497	97473	100.0
江 西 Jiangxi	548524	525021	95.7	334286	331977	99.3
山 东 Shandong	459285	433310	94.3	132645	128599	97.0
河 南 Henan	545526	464363	85.1	105022	95496	90.9
湖 北 Hubei	465138	369749	79.5	117854	96944	82.3
湖 南 Hunan	417693	244987	58.7	96566	49203	51.0
广 东 Guangdong	529530	375339	70.9	298983	224484	75.1
广 西 Guangxi	383423	83800	21.9	74982	31328	41.8
海 南 Hainan	26420	5595	21.2	28	4	14.3
重 庆 Chongqing	392483	392461	100.0	149418	149395	100.0
四 川 Sichuan	663092	490982	74.0	126889	98600	77.7
贵 州 Guizhou	177918	163444	91.9	25406	19482	76.7
云 南 Yunnan	381770	377646	98.9	74515	73623	98.8
西 藏 Tibet	259714	166217	64.0	65867	42154	64.0
陕 西 Shaanxi	383286	324694	84.7	81187	65175	80.3
甘 肃 Gansu	399834	327129	81.8	76822	63726	83.0
青 海 Qinghai	281284	198942	70.7	38712	22167	57.3
宁 夏 Ningxia	282299	120579	42.7	2096	1537	73.3
新 疆 Xinjiang	1493658	1286430	86.1	89747	65333	72.8
大兴安岭 Daxinganling	170020	28086	16.5	39761	8342	21.0

资料来源：国家林业和草原局。
Source: National Forestry and Grassland Administration.

8-7 续表 continued

单位：公顷，% (hectare, %)

地 区 Region	森林虫害 Forest Pest Plague			森林鼠(兔)害 Forest Rat (Rabbit) Plague			有害植物 Harmful Plants		
	发生面积 Area of Occurrence	防治面积 Area of Prevention	防治率 Prevention Rate	发生面积 Area of Occurrence	防治面积 Area of Prevention	防治率 Prevention Rate	发生面积 Area of Occurrence	防治面积 Area of Prevention	防治率 Prevention Rate
全 国 National Total	**7906231**	**6270728**	**79.3**	**1740039**	**1330859**	**76.5**	**186785**	**117118**	**62.7**
北 京 Beijing	30157	30157	100.0						
天 津 Tianjin	42577	42577	100.0						
河 北 Hebei	433157	401467	92.7	29683	24089	81.2			
山 西 Shanxi	168269	155492	92.4	57285	54238	94.7	1860	1827	98.2
内蒙古 Inner Mongolia	639541	398893	62.4	192128	112645	58.6			
辽 宁 Liaoning	510498	454598	89.1	6404	5182	80.9			
吉 林 Jilin	311094	275317	88.5	35562	35409	99.6			
黑龙江 Heilongjiang	270491	222171	82.1	157661	137271	87.1			
上 海 Shanghai	11634	11614	99.8						
江 苏 Jiangsu	100660	82334	81.8				1051	1050	99.9
浙 江 Zhejiang	28638	27349	95.5						
安 徽 Anhui	300004	267646	89.2						
福 建 Fujian	174590	166174	95.2						
江 西 Jiangxi	214229	193044	90.1				9		
山 东 Shandong	326640	304711	93.3						
河 南 Henan	440504	368867	83.7						
湖 北 Hubei	270515	224143	82.9	3298	3039	92.2	73471	45623	62.1
湖 南 Hunan	321126	195784	61.0				1		
广 东 Guangdong	175482	109503	62.4				55065	41352	75.1
广 西 Guangxi	296077	47250	16.0	231	221	95.7	12133	5001	41.2
海 南 Hainan	8486	4659	54.9				17906	932	5.2
重 庆 Chongqing	230501	230501	100.0	11438	11438	100.0	1126	1126	100.0
四 川 Sichuan	502362	364112	72.5	33772	28201	83.5	69	69	100.0
贵 州 Guizhou	146956	138653	94.4	3181	2944	92.6	2375	2365	99.6
云 南 Yunnan	279608	276782	99.0	11173	11040	98.8	16474	16201	98.3
西 藏 Tibet	140687	90039	64.0	52510	33607	64.0	650	417	64.2
陕 西 Shaanxi	236450	198595	84.0	65629	60904	92.8	20	20	100.0
甘 肃 Gansu	179986	148510	82.5	143026	114893	80.3			
青 海 Qinghai	106451	76225	71.6	131546	99416	75.6	4575	1134	24.8
宁 夏 Ningxia	112235	46583	41.5	167968	72459	43.1			
新 疆 Xinjiang	858153	710594	82.8	545758	510503	93.5			
大兴安岭 Daxinganling	38473	6384	16.6	91786	13360	14.6			

8-8 各地区草原灾害情况(2020年)
Grassland Disasters by Region (2020)

单位：千公顷 (1 000 hectares)

地 区	Region	草原鼠害 Rodent Plague in Grassland		草原虫害 Insect Plague in Grassland		草原火灾受害面积(公顷) Area Affected by Fire (hectare)
		发生面积 Area of Occurrence	防治面积 Area of Prevention and Control	发生面积 Area Harmed	防治面积 Area of Prevention and Control	
全 国	**National Total**	**34447.3**	**5422.3**	**9838.9**	**3482.1**	**11045.9**
北 京	Beijing					
天 津	Tianjin					
河 北	Hebei	175.3	135.9	207.9	134.0	
山 西	Shanxi	376.3	51.1	316.0	47.3	
内蒙古	Inner Mongolia	8108.2	3066.5	4205.1	1825.3	9004.9
辽 宁	Liaoning	193.3	72.9	232.3	100.6	
吉 林	Jilin	17.8	29.6	35.6	26.0	
黑龙江	Heilongjiang	51.3	43.0	104.6	84.5	
上 海	Shanghai					
江 苏	Jiangsu					
浙 江	Zhejiang					
安 徽	Anhui					
福 建	Fujian					
江 西	Jiangxi					
山 东	Shandong					
河 南	Henan					
湖 北	Hubei					
湖 南	Hunan					
广 东	Guangdong					
广 西	Guangxi					
海 南	Hainan					
重 庆	Chongqing					
四 川	Sichuan	2751.3	226.7	830.7	123.3	2021.0
贵 州	Guizhou					
云 南	Yunnan	44.1	45.7	50.6	54.9	
西 藏	Tibet	10666.7	666.7	17.4	12.7	
陕 西	Shaanxi	226.3	66.0	48.5	8.7	
甘 肃	Gansu	2833.7	438.4	992.7	227.7	11.0
青 海	Qinghai	105.3	40.2	113.6	36.2	
宁 夏	Ningxia	7475.3	173.0	1350.4	124.0	
新 疆	Xinjiang	1422.2	366.6	1333.6	676.9	9.0

资料来源：国家林业和草原局，应急管理部。
Source: National Forestry and Grassland Administration, Ministry of Emergency Management.

8-9 各地区突发环境事件情况(2020年)
Environmental Emergencies by Region (2020)

单位：次 (case)

地区 Region		突发环境事件次数 Number of Environmental Emergency Events	特别重大环境事件 Extraordinarily Serious Environmental Emergency Events	重大环境事件 Serious Environmental Emergency Events	较大环境事件 Comparatively Serious Environmental Emergency Events	一般环境事件 Ordinary Environmental Emergency Events
全　国	**National Total**	**208**		**2**	**8**	**198**
北　京	Beijing	8				8
天　津	Tianjin	1				1
河　北	Hebei	2				2
山　西	Shanxi	17				17
内蒙古	Inner Mongolia	2				2
辽　宁	Liaoning	5				5
吉　林	Jilin					
黑龙江	Heilongjiang	1		1		
上　海	Shanghai					
江　苏	Jiangsu	12				12
浙　江	Zhejiang	10				10
安　徽	Anhui	10			2	8
福　建	Fujian	6				6
江　西	Jiangxi	5				5
山　东	Shandong	3			1	2
河　南	Henan	5				5
湖　北	Hubei	9				9
湖　南	Hunan	7			1	6
广　东	Guangdong	24				24
广　西	Guangxi	3				3
海　南	Hainan	1				1
重　庆	Chongqing	8				8
四　川	Sichuan	17			2	15
贵　州	Guizhou	11		1		10
云　南	Yunnan	3				3
西　藏	Tibet					
陕　西	Shaanxi	10			1	9
甘　肃	Gansu	5				5
青　海	Qinghai					
宁　夏	Ningxia	12				12
新　疆	Xinjiang	11			1	10

资料来源：生态环境部。
Source: Ministry of Ecology and Environment.

九、环境投资

Environmental Investment

9-1 全国环境污染治理投资情况(2001-2020年)
Investment in the Treatment of Environmental Pollution (2001-2020)

单位：亿元 (100 million yuan)

年 份 Year	环境污染治理投资总额 Total Investment in Treatment of Environmental Pollution	城镇环境基础设施建设投资 Investment in Urban Environment Infrastructure Facilities	燃气 Gas Supply	集中供热 Central Heating	排水 Sewerage Projects	园林绿化 Gardening & Greening	市容环境卫生 Sanitation
2001	1166.7	655.8	81.7	90.3	244.9	181.4	57.5
2002	1456.5	878.4	98.9	134.6	308.0	261.5	75.4
2003	1750.1	1194.8	147.4	164.3	419.8	352.4	110.9
2004	2057.5	1288.9	163.4	197.7	404.8	400.5	122.5
2005	2565.2	1466.9	164.3	250.0	431.5	456.3	164.8
2006	2779.5	1528.4	179.2	252.5	403.6	475.2	217.9
2007	3668.8	1749.0	187.0	272.4	517.1	601.6	171.0
2008	4937.0	2247.7	199.2	328.2	637.2	823.9	259.2
2009	5258.4	3245.1	219.2	441.5	1035.5	1137.6	411.2
2010	6670.3	4240.3	358.0	557.4	1172.7	1728.7	423.5
2011	7114.0	4557.2	444.1	593.3	971.6	1991.9	556.2
2012	8426.1	5235.2	551.8	798.1	934.1	2380.1	571.1
2013	9037.2	5223.0	607.9	819.5	1055.0	2234.9	505.7
2014	9575.5	5463.9	574.0	763.0	1196.1	2338.5	592.2
2015	8806.4	4946.8	463.1	687.8	1248.5	2075.4	472.0
2016	9219.8	5412.0	532.0	662.5	1485.5	2170.9	561.1
2017	9539.0	6085.7	566.7	778.3	1727.5	2390.2	623.0
2018		5893.2	398.6	578.6	1897.5	2413.4	605.1
2019		5786.6	378.9	466.7	1929.0	2327.3	684.6
2020		6842.2	318.3	523.6	2675.7	2194.5	1130.0

9-1 续表 continued

单位：亿元 (100 million yuan)

年 份 Year	工业污染源治理投资 Investment in Treatment of Industrial Pollution Sources	治理废水 Treatment of Waste water	治理废气 Treatment of Waste Gas	治理固体废物 Treatment of Solid Waste	治理噪声 Treatment of Noise Pollution	治理其他 Treatment of Other Pollution	当年完成环保验收项目环保投资 Environmental Protection Investment in the Environmental Protection Acceptance Projects in the Year	环境污染治理投资占GDP比重(%) Investment in Anti-pollution Projects as Percentage of GDP (%)
2001	174.5	72.9	65.8	18.7	0.6	16.5	336.4	1.05
2002	188.4	71.5	69.8	16.1	1.0	29.9	389.7	1.20
2003	221.8	87.4	92.1	16.2	1.0	25.1	333.5	1.27
2004	308.1	105.6	142.8	22.6	1.3	35.7	460.5	1.27
2005	458.2	133.7	213.0	27.4	3.1	81.0	640.1	1.37
2006	483.9	151.1	233.3	18.3	3.0	78.3	767.2	1.27
2007	552.4	196.1	275.3	18.3	1.8	60.7	1367.4	1.36
2008	542.6	194.6	265.7	19.7	2.8	59.8	2146.7	1.55
2009	442.6	149.5	232.5	21.9	1.4	37.4	1570.7	1.51
2010	397.0	129.6	188.2	14.3	1.4	62.0	2033.0	1.62
2011	444.4	157.7	211.7	31.4	2.2	41.4	2112.4	1.46
2012	500.5	140.3	257.7	24.7	1.2	76.5	2690.4	1.56
2013	849.7	124.9	640.9	14.0	1.8	68.1	2964.5	1.52
2014	997.7	115.2	789.4	15.1	1.1	76.9	3113.9	1.49
2015	773.7	118.4	521.8	16.1	2.8	114.5	3085.8	1.28
2016	819.0	108.2	561.5	38.9	0.6	109.7	2988.8	1.24
2017	681.5	76.4	446.3	12.7	1.3	144.9	2771.7	1.15
2018	621.3	64.0	393.1	18.4	1.5	144.2		
2019	615.2	69.9	367.7	17.1	1.4	159.1		
2020	454.3	57.4	242.4	17.3	0.7	136.5		

9-2 各地区城镇环境基础设施建设投资情况(2020年)
Investment in Urban Environmental Infrastructure by Region (2020)

单位：万元 (10 000 yuan)

地 区	Region	投资总额 Total Investment	燃气 Gas Supply	集中供热 Central Heating	排水 Sewerage Projects	园林绿化 Gardening & Greening	市容环境卫生 Sanitation
全 国	**National Total**	**68421571**	**3182971**	**5236106**	**26756904**	**21945294**	**11300296**
北 京	Beijing	3141447	95627	239518	492303	2108501	205498
天 津	Tianjin	745914	7360	30822	259944	110128	337660
河 北	Hebei	4306913	171868	582890	1378098	1149465	1024592
山 西	Shanxi	1717209	60124	723389	303948	528628	101120
内蒙古	Inner Mongolia	1221630	4511	521426	379615	214177	101902
辽 宁	Liaoning	1002466	91938	201576	540001	76458	92493
吉 林	Jilin	587616	68276	70590	317265	67573	63912
黑龙江	Heilongjiang	948064	43479	268252	422037	52313	161983
上 海	Shanghai	975919	110168		656790	135580	73381
江 苏	Jiangsu	5157729	314726	6410	1560533	2206454	1069605
浙 江	Zhejiang	3815339	138443		1175291	1656014	845590
安 徽	Anhui	3225073	235337	37684	1544562	892032	515458
福 建	Fujian	2605803	160542		1374185	576936	494140
江 西	Jiangxi	2938128	139082		1260376	871497	667173
山 东	Shandong	5340730	220883	1002031	2025684	1466444	625689
河 南	Henan	5347885	176595	439721	1216631	2714921	800017
湖 北	Hubei	2096384	97971	22699	1388817	461511	125385
湖 南	Hunan	1870727	192656	1300	908433	392721	375617
广 东	Guangdong	4794626	278194		3233846	253314	1029271
广 西	Guangxi	3396979	113572		1071503	1949115	262789
海 南	Hainan	176270	10802		70651	28592	66225
重 庆	Chongqing	2087095	52821		696313	955747	382214
四 川	Sichuan	3831704	87600	23095	1758811	1265019	697179
贵 州	Guizhou	802941	40438	3000	377848	159535	222119
云 南	Yunnan	1113766	58790		472218	384345	198414
西 藏	Tibet	31203			14975	10050	6178
陕 西	Shaanxi	2173966	80296	303862	642737	778113	368958
甘 肃	Gansu	906181	29303	183546	475486	161550	56298
青 海	Qinghai	107509	6671	10964	33949	32578	23347
宁 夏	Ningxia	473767	30452	223942	154702	54876	9796
新 疆	Xinjiang	1480588	64444	339391	549353	231107	296293

资料来源：住房和城乡建设部。
Source: Ministry of Housing and Urban-Rural Development.

9-3 各地区工业污染治理投资完成情况(2020年)
Completed Investment in Treatment of Industrial Pollution by Region (2020)

单位：万元 (10 000 yuan)

地区	Region	污染治理项目本年完成投资 Investment Completed in Pollution Treatment Projects	治理废水 Treatment of Waste water	治理废气 Treatment of Waste Gas	治理固体废物 Treatment of Solid Waste	治理噪声 Treatment of Noise Pollution	治理其他 Treatment of Other Pollution
全国	**National Total**	**4542586**	**573852**	**2423725**	**173064**	**7405**	**1364540**
北京	Beijing	5122	2055	1832			1236
天津	Tianjin	74511	52	73987		37	434
河北	Hebei	129336	4605	100483	10		24238
山西	Shanxi	284910	12301	203095	7882	178	61454
内蒙古	Inner Mongolia	154407	11492	52017	3711		87187
辽宁	Liaoning	98020	3194	20832	78	48	73868
吉林	Jilin	8063	1070	6229			764
黑龙江	Heilongjiang	40805	12072	9302	7606		11824
上海	Shanghai	90711	26720	24190	2	11	39788
江苏	Jiangsu	531335	158679	317097		12	55546
浙江	Zhejiang	505097	39553	213698	6528	391	244927
安徽	Anhui	243546	14256	146489	3000	45	79755
福建	Fujian	175766	10995	73897	50311		40563
江西	Jiangxi	93009	23981	59375	192	524	8937
山东	Shandong	519487	96402	328130	22210	2561	70184
河南	Henan	144548	8357	95704	460		40027
湖北	Hubei	198108	15576	117300	43893		21339
湖南	Hunan	33508	4406	19462	4899	350	4391
广东	Guangdong	235470	44963	119907	652	259	69689
广西	Guangxi	35534	7644	20387	185		7317
海南	Hainan	476	476				
重庆	Chongqing	40176	696	39170			310
四川	Sichuan	244414	17495	75658	5500	637	145124
贵州	Guizhou	154911	11930	31567	11785	216	99414
云南	Yunnan	142339	24933	77362	600	335	39109
西藏	Tibet	2094		592		1502	
陕西	Shaanxi	194957	3204	88916	3560	15	99262
甘肃	Gansu	33844	6610	27068		92	74
青海	Qinghai	2897		1677			1220
宁夏	Ningxia	60458	5780	36638		23	18018
新疆	Xinjiang	64729	4355	41664		170	18540

资料来源：生态环境部。
Source: Ministry of Ecology and Environment.

9-4 各地区林业草原投资完成情况(2020年)
Completed Investment for Forestry and Grassland by Region(2020)

单位：万元 (10 000 yuan)

地区	Region	本年完成投资 Completed Investment During the Year	#国家投资 State Investment	本年完成投资 Completed Investment During the Year: 生态修复治理 Ecological Restoration and Treatment	林(草)产品加工制造 Manufacture of Forest and Grassland Products	林业草原服务、保障和公共管理 Sevices, Security and Public Management of Forest and Grassland Sector
全国	**National Total**	**47168172**	**28795976**	**24415077**	**10491847**	**12261248**
北京	Beijing	2969690	2951827	1792370		1177320
天津	Tianjin	179527	154005	175688		3839
河北	Hebei	1508738	1172989	1288706	1793	218239
山西	Shanxi	1051436	986693	785528	642	265266
内蒙古	Inner Mongolia	1673095	1622091	863715	529	808851
辽宁	Liaoning	366924	362887	226635		140289
吉林	Jilin	881714	781939	597131	75006	209577
黑龙江	Heilongjiang	3930004	3910711	516837	2588516	824651
上海	Shanghai	250512	250512	207046		43466
江苏	Jiangsu	951145	651000	770823	131608	48714
浙江	Zhejiang	966388	676223	561330	16066	388992
安徽	Anhui	1280315	538104	793536	304060	182719
福建	Fujian	573789	495386	373086	43547	157156
江西	Jiangxi	1251461	824638	694127	11070	546264
山东	Shandong	2169805	533597	817117	927013	425675
河南	Henan	1077062	630495	936353	4010	136699
湖北	Hubei	1930440	638422	707928	979010	243502
湖南	Hunan	2643964	1042339	1353072	680786	610106
广东	Guangdong	986221	899073	444695	1694	539832
广西	Guangxi	7247677	706683	2108438	3809295	1329944
海南	Hainan	188041	158683	67604	1879	118558
重庆	Chongqing	793734	573648	521823	35078	236833
四川	Sichuan	2464904	1235491	1165730	636868	662306
贵州	Guizhou	3203989	1191295	2901510	7634	294845
云南	Yunnan	1266827	1204738	769135	14306	483386
西藏	Tibet	255249	255249	244636	10	10603
陕西	Shaanxi	1127137	1024807	731791	29897	365449
甘肃	Gansu	1433581	955041	779047	182873	471661
青海	Qinghai	538762	536850	262762	2020	273980
宁夏	Ningxia	288519	216278	221223		67296
新疆	Xinjiang	825027	732432	519142	6189	299696
局直属单位(含大兴安岭)	Units under the Bureau (including Daxinganling)	892495	881850	216513	448	675534

资料来源：国家林业和草原局。
Source: National Forestry and Grassland Administration.

Complete Investment for Forestry and Grassland by Region(2020)

十、城市环境

Urban Environment

10-1 全国城市环境情况(2000-2020年)
Urban Environment (2000-2020)

年 份 Year	城区面积 (万平方公里) Urban Area (10 000 sq.km)	人均日生活 用水量 (升) Per Capita Daily Water Consumption for Daily Use (liter)	城市供水 普及率 (%) Water Coverage Rate (%)	城市污水 排放量 (亿立方米) Waste Water Discharged (100 million cu.m)	城市污水 处理率 (%) Waste Water Treatment Rate (%)
2000	87.8	220.2	63.9	331.8	34.3
2001	60.8	216.0	72.3	328.6	36.4
2002	46.7	213.0	77.9	337.6	40.0
2003	39.9	210.9	86.2	349.2	42.1
2004	39.5	210.8	88.9	356.5	45.7
2005	41.3	204.1	91.1	359.5	52.0
2006	16.7	188.3	86.1	362.5	55.7
2007	17.6	178.4	93.8	361.0	62.9
2008	17.8	178.2	94.7	364.9	70.2
2009	17.5	176.6	96.1	371.2	75.3
2010	17.9	171.4	96.7	378.7	82.3
2011	18.4	170.9	97.0	403.7	83.6
2012	18.3	171.8	97.2	416.8	87.3
2013	18.3	173.5	97.6	427.5	89.3
2014	18.4	173.7	97.6	445.3	90.2
2015	19.2	174.5	98.1	466.6	91.9
2016	19.8	176.9	98.4	480.3	93.4
2017	19.8	178.9	98.3	492.4	94.5
2018	20.1	179.7	98.4	521.1	95.5
2019	20.1	180.0	98.8	554.6	96.8
2020	18.7	179.4	99.0	571.4	97.5

注：1.2006年起住房和城乡建设部《城市建设统计制度》修订，统计范围、口径及部分指标计算方法都有所调整，故不能与2005年直接比较。
2.2020年城区面积不含北京市。

Note: a) Urban Construction Statistical System had been amended by Ministry of Housing and Urban-Rural Development in 2006. Scope, caliber and calculated method of some indicators are adjusted,so it can not be directly compared with data of 2005.
b) Urban Area does not include that in Beijing in 2020.

10-1 续表 continued

年 份 Year	城市燃气普及率 (%) Gas Coverage Rate (%)	城市生活垃圾清运量 (万吨) Volume of Domestic Garbage Collected and Transported (10 000 tons)	城市生活垃圾无害化处理率 (%) Rate of Domestic Garbage Harmless Treatment (%)	供热面积 (万平方米) Heated Area (10 000 sq.m)	建成区绿化覆盖率 (%) Green Coverage Rate of Built District (%)	人均公园绿地面积 (平方米) Public Recreational Green Space per Capita (sq.m)
2000	45.4	11819		110766	28.2	3.7
2001	59.7	13470	58.2	146329	28.4	4.6
2002	67.2	13650	54.2	155567	29.8	5.4
2003	76.7	14857	50.8	188956	31.2	6.5
2004	81.5	15509	52.1	216266	31.7	7.4
2005	82.1	15577	51.7	252056	32.5	7.9
2006	79.1	14841	52.2	265853	35.1	8.3
2007	87.4	15215	62.0	300591	35.3	9.0
2008	89.6	15438	66.8	348948	37.4	9.7
2009	91.4	15734	71.4	379574	38.2	10.7
2010	92.0	15805	77.9	435668	38.6	11.2
2011	92.4	16395	79.7	473784	39.2	11.8
2012	93.2	17081	84.8	518368	39.6	12.3
2013	94.3	17239	89.3	571677	39.7	12.6
2014	94.6	17860	91.8	611246	40.2	13.1
2015	95.3	19142	94.1	672205	40.1	13.4
2016	95.8	20362	96.6	738663	40.3	13.7
2017	96.3	21521	97.7	830858	40.9	14.0
2018	96.7	22802	99.0	878050	41.1	14.1
2019	97.3	24206	99.2	925137	41.5	14.4
2020	97.9	23512	99.7	988209	42.1	14.8

10-2 主要城市空气质量情况（2020年）
Ambient Air Quality by Main City (2020)

城市 City	二氧化硫年平均浓度（微克/立方米） Annual Average Concentration of SO_2 (μg/m^3)	二氧化氮年平均浓度（微克/立方米） Annual Average Concentration of NO_2 (μg/m^3)	可吸入颗粒物(PM_{10})年平均浓度（微克/立方米） Annual Average Concentration of PM_{10} (μg/m^3)	一氧化碳日均值第95百分位浓度(毫克/立方米) 95th Percentile Daily Average Concentration of CO (μg/m^3)	臭氧(O_3)最大8小时第90百分位浓度(微克/立方米) 90th Percentile Daily Maximum 8 Hours Average Concentration of O_3(μg/m^3)	细颗粒物($PM_{2.5}$)年平均浓度（微克/立方米） Annual Average Concentration of $PM_{2.5}$ (μg/m^3)	空气质量达到及好于二级的天数（天） Days of Air Quality Equal to or Above Grade Ⅱ (day)
北　京 Beijing	4	29	56	1.3	174	38	276
天　津 Tianjin	8	39	68	1.7	190	48	245
石家庄 Shijiazhuang	12	41	101	2.1	180	58	205
太　原 Taiyuan	17	45	95	1.8	186	54	224
呼和浩特 Hohhot	13	33	71	2.4	141	40	294
沈　阳 Shenyang	18	35	74	1.7	154	42	287
长　春 Changchun	10	32	59	1.3	126	42	305
哈尔滨 Harbin	17	32	64	1.4	121	47	303
上　海 Shanghai	6	37	41	1.1	152	32	319
南　京 Nanjing	7	36	56	1.1	167	31	304
杭　州 Hangzhou	6	38	55	1.1	151	30	334
合　肥 Hefei	7	39	56	1.1	144	36	311
福　州 Fuzhou	5	21	38	0.9	128	21	364
南　昌 Nanchang	9	29	58	1.0	147	33	335
济　南 Jinan	13	36	88	1.6	188	50	223
郑　州 Zhengzhou	9	39	84	1.4	182	51	230
武　汉 Wuhan	8	36	58	1.2	150	37	309
长　沙 Changsha	7	27	48	1.2	146	41	309
广　州 Guangzhou	7	36	43	1.0	160	23	331
南　宁 Nanning	8	24	46	1.0	118	26	357
海　口 Haikou	4	11	29	0.8	120	14	361
重　庆 Chongqing	8	39	53	1.1	150	33	331
成　都 Chengdu	6	37	64	1.0	169	41	280
贵　阳 Guiyang	10	18	41	0.9	113	23	362
昆　明 Kunming	9	26	42	0.9	126	24	366
拉　萨 Lhasa	7	19	29	1.0	118	12	366
西　安 Xi'an	8	41	88	1.5	159	51	250
兰　州 Lanzhou	15	47	76	2.0	150	34	312
西　宁 Xining	15	36	61	2.3	130	35	337
银　川 Yinchuan	14	35	72	1.8	148	36	301
乌鲁木齐 Urumqi	9	36	75	2.2	123	47	279

资料来源：生态环境部。
Source: Ministry of Ecology and Environment.

10-3 各地区城市市政设施情况(2020年)
Urban Municipal Facilities by Region (2020)

地 区	Region	道路长度(公里) Length of Roads (km)	道路面积(万平方米) Area of Roads (10 000 sq.m)	桥梁(座) Number of Bridges (unit)	#立交桥 Inter-section Bridges	道路照明灯(千盏) Number of Road Lamps (1 000 units)	排水管道长度(公里) Length of Drainage Pipes (km)	#污水管道 Sewers
全 国	**National Total**	**492650**	**969803**	**79752**	**5625**	**30485.6**	**802721**	**366833**
北 京	Beijing	8406	14702	2376	457	315.3	17943	8772
天 津	Tianjin	9234	17510	1196	141	396.4	22338	10338
河 北	Hebei	18767	41074	1870	222	1068.0	20927	10542
山 西	Shanxi	9803	22325	602	90	512.7	12250	5818
内蒙古	Inner Mongolia	10506	22074	505	65	618.5	14371	7878
辽 宁	Liaoning	21482	36598	1898	227	1354.5	23483	6467
吉 林	Jilin	10952	19116	966	111	548.2	13552	5522
黑龙江	Heilongjiang	13713	22076	1233	263	712.1	13291	3999
上 海	Shanghai	5536	11551	2880	50	640.9	17230	7944
江 苏	Jiangsu	50861	90570	16932	439	3662.9	88001	45997
浙 江	Zhejiang	27574	54048	12703	200	1831.7	52572	26919
安 徽	Anhui	17750	43286	2027	324	1117.7	35393	15432
福 建	Fujian	14386	26168	1859	49	857.8	20114	9286
江 西	Jiangxi	12656	26279	1114	104	863.6	20023	8676
山 东	Shandong	49986	102269	5821	216	2119.3	69864	30332
河 南	Henan	16295	41039	1624	198	1061.0	29222	12450
湖 北	Hubei	22992	43143	2332	203	968.0	32641	12435
湖 南	Hunan	15242	34645	1311	104	863.2	21665	7861
广 东	Guangdong	49374	84014	8296	972	3575.5	122541	58407
广 西	Guangxi	14919	30186	1346	159	787.6	19174	6657
海 南	Hainan	4517	6301	229	11	193.9	6524	3008
重 庆	Chongqing	10873	23593	2173	306	830.6	23542	11223
四 川	Sichuan	25538	50907	3577	274	1769.0	42610	19328
贵 州	Guizhou	9262	17780	770	64	731.9	10394	5493
云 南	Yunnan	8242	17079	1374	93	672.0	16328	7756
西 藏	Tibet	988	2077	62	1	32.0	861	301
陕 西	Shaanxi	9479	21660	840	80	832.5	12402	5917
甘 肃	Gansu	5987	13130	697	88	392.9	8035	4211
青 海	Qinghai	1642	4077	235	4	152.2	3301	1695
宁 夏	Ningxia	2953	8031	222	8	245.0	2297	500
新 疆	Xinjiang	12738	22492	682	102	758.8	9834	5671

资料来源：住房和城乡建设部(以下各表同)。
Source: Ministry of Housing and Urban-Rural Development(the same as in the following tables).

10-4 各地区城市供水和用水情况(2020年)
Urban Water Supply and Use by Region (2020)

单位：万立方米 (10 000 cu.m)

地 区	Region	供水总量 Total Water Supply	生产运营用水 Production & Operation	公共服务用水 Public Service	居民家庭用水 Household Use	其他用水 Other
全 国	**National Total**	**6295420**	**1563872**	**885907**	**2586608**	**306464**
北 京	Beijing	147793	15256	43132	62989	3971
天 津	Tianjin	96013	29495	13713	35256	3534
河 北	Hebei	157497	43264	22427	67528	3239
山 西	Shanxi	87146	18831	15091	43819	1691
内蒙古	Inner Mongolia	84486	29562	8129	25785	6390
辽 宁	Liaoning	266232	62927	35508	85095	17032
吉 林	Jilin	105173	24573	15409	36038	4513
黑龙江	Heilongjiang	137320	35679	23131	42655	4897
上 海	Shanghai	288577	41367	66982	113744	13787
江 苏	Jiangsu	587581	183945	74059	209636	43493
浙 江	Zhejiang	424104	140118	60155	167140	11047
安 徽	Anhui	238126	70811	28698	99121	7071
福 建	Fujian	188913	38226	29338	79223	13784
江 西	Jiangxi	143134	30025	17474	65998	4875
山 东	Shandong	379082	155140	43713	129450	11862
河 南	Henan	217730	56028	25014	98437	7968
湖 北	Hubei	302326	74638	27438	131879	7097
湖 南	Hunan	226436	40783	31378	101553	7583
广 东	Guangdong	956867	224642	147582	391233	60858
广 西	Guangxi	185974	37331	26855	94816	3097
海 南	Hainan	50766	3025	6705	27917	5571
重 庆	Chongqing	165352	35766	24760	75287	5407
四 川	Sichuan	291782	37679	43719	153405	11558
贵 州	Guizhou	89271	17622	7394	43776	1723
云 南	Yunnan	104904	18137	7316	49550	10703
西 藏	Tibet	14700	1541	1450	9043	701
陕 西	Shaanxi	129087	35833	5877	66120	6457
甘 肃	Gansu	56912	14857	7545	24879	4892
青 海	Qinghai	30927	14552	940	9786	3245
宁 夏	Ningxia	35344	8135	5881	11712	4307
新 疆	Xinjiang	105864	24083	19098	33738	14114

10-4 续表 continued

地 区	Region	用水人口 (万人) Population with Access to Water Supply (10 000 persons)	人均日生活用水量 (升) Per Capita Daily Water Consumption for Daily Use (liter)	供水普及率 (%) Water Coverage Rate (%)
全 国	**National Total**	**53217.4**	**179.4**	**99.0**
北 京	Beijing	1885.6	154.2	98.4
天 津	Tianjin	1174.4	115.7	100.0
河 北	Hebei	1950.3	127.3	100.0
山 西	Shanxi	1207.6	133.9	99.6
内蒙古	Inner Mongolia	917.6	101.3	99.5
辽 宁	Liaoning	2251.6	150.0	99.7
吉 林	Jilin	1163.0	121.8	95.6
黑龙江	Heilongjiang	1401.5	129.5	99.0
上 海	Shanghai	2428.1	203.9	100.0
江 苏	Jiangsu	3538.0	220.7	100.0
浙 江	Zhejiang	2833.0	220.1	100.0
安 徽	Anhui	1775.2	197.4	99.6
福 建	Fujian	1388.1	214.5	99.9
江 西	Jiangxi	1308.1	176.7	98.6
山 东	Shandong	3982.8	119.4	99.8
河 南	Henan	2630.8	129.0	98.2
湖 北	Hubei	2273.5	192.8	99.6
湖 南	Hunan	1738.4	211.5	98.9
广 东	Guangdong	6241.1	236.8	98.5
广 西	Guangxi	1266.5	263.5	99.7
海 南	Hainan	344.9	275.3	98.0
重 庆	Chongqing	1524.6	179.8	94.7
四 川	Sichuan	2760.2	196.4	98.3
贵 州	Guizhou	828.2	169.8	98.9
云 南	Yunnan	1007.8	155.1	98.1
西 藏	Tibet	98.9	290.9	98.8
陕 西	Shaanxi	1267.2	155.7	97.9
甘 肃	Gansu	636.4	140.0	98.1
青 海	Qinghai	212.8	138.2	98.7
宁 夏	Ningxia	296.5	162.6	98.9
新 疆	Xinjiang	884.8	163.9	99.5

10-5 各地区城市节约用水情况(2020年)
Urban Water Saving by Region (2020)

地区	Region	计划用水户实际用水量(万立方米) Actual Quantity of Water Used (10 000 cu.m)					
		合计 Total	#工业 Industry	新水取用量 Fresh Water Used	#工业 Industry	重复利用量 Water Reused	#工业 Industry
全国	**National Total**	**13242300**	**11348304**	**2350149**	**1042860**	**10892151**	**10305444**
北京	Beijing	209187	17442	209187	17442		
天津	Tianjin	1177898	1161974	40658	26163	1137240	1135811
河北	Hebei	219790	205022	28036	14240	191754	190782
山西	Shanxi	492006	437418	76069	28113	415937	409305
内蒙古	Inner Mongolia	224939	200333	50595	29121	174344	171212
辽宁	Liaoning	768559	722768	55956	34149	712603	688619
吉林	Jilin	163678	156560	34453	27611	129226	128949
黑龙江	Heilongjiang	214348	189998	95672	72775	118677	117223
上海	Shanghai	98027	37176	98027	37176		
江苏	Jiangsu	2053523	1614546	311835	177382	1741688	1437164
浙江	Zhejiang	793541	723454	150947	108533	642594	614920
安徽	Anhui	726832	693702	78810	47936	648021	645765
福建	Fujian	136905	93498	56905	14465	80000	79033
江西	Jiangxi	114769	95495	26754	7697	88015	87798
山东	Shandong	1088830	917018	179465	83965	909365	833053
河南	Henan	1074322	1036706	66188	35153	1008133	1001554
湖北	Hubei	656212	595747	92322	48731	563890	547016
湖南	Hunan	183832	135299	75219	29559	108613	105740
广东	Guangdong	1188665	1085831	182869	80205	1005796	1005627
广西	Guangxi	446716	274158	93797	17232	352919	256926
海南	Hainan	98506	16811	87322	5720	11184	11091
重庆	Chongqing	8517	5889	3533	912	4984	4977
四川	Sichuan	169165	115667	84163	35545	85002	80122
贵州	Guizhou	66603	38726	31086	5980	35517	32746
云南	Yunnan	114517	100894	24730	11530	89787	89364
西藏	Tibet	1200		1200			
陕西	Shaanxi	53970	25565	40182	12051	13788	13514
甘肃	Gansu	504296	480475	46976	24955	457320	455520
青海	Qinghai	2387	987	865	412	1522	575
宁夏	Ningxia	168367	162072	13088	6793	155279	155279
新疆	Xinjiang	22193	7073	13242	1314	8951	5759

10-5 续表 continued

地 区	Region	重复利用率 (%) Reuse Rate (%)	#工业 Industry	节约用水量 (万立方米) Water Saved (10 000 cu.m)	#工 业 Industry
全 国	**National Total**	**82.3**	**90.8**	**707572**	**470678**
北 京	Beijing			10208	3707
天 津	Tianjin	96.5	97.7	67	37
河 北	Hebei	87.2	93.1	6190	4794
山 西	Shanxi	84.5	93.6	15146	10720
内蒙古	Inner Mongolia	77.5	85.5	7373	4570
辽 宁	Liaoning	92.7	95.3	12367	8550
吉 林	Jilin	79.0	82.4	5924	5188
黑龙江	Heilongjiang	55.4	61.7	16188	9808
上 海	Shanghai			81682	7843
江 苏	Jiangsu	84.8	89.0	69704	54371
浙 江	Zhejiang	81.0	85.0	39065	29075
安 徽	Anhui	89.2	93.1	28204	23614
福 建	Fujian	58.4	84.5	19349	14721
江 西	Jiangxi	76.7	91.9	5469	5381
山 东	Shandong	83.5	90.8	37324	26833
河 南	Henan	93.8	96.6	21149	13034
湖 北	Hubei	85.9	91.8	36864	32138
湖 南	Hunan	59.1	78.2	100325	96716
广 东	Guangdong	84.6	92.6	109340	73210
广 西	Guangxi	79.0	93.7	4154	1589
海 南	Hainan	11.4	66.0	2202	170
重 庆	Chongqing	58.5	84.5	15	8
四 川	Sichuan	50.2	69.3	26014	18566
贵 州	Guizhou	53.3	84.6	19380	18999
云 南	Yunnan	78.4	88.6	7604	326
西 藏	Tibet				
陕 西	Shaanxi	25.5	52.9	11904	3061
甘 肃	Gansu	90.7	94.8	6105	1656
青 海	Qinghai	63.8	58.3	298	298
宁 夏	Ningxia	92.2	95.8	3065	1013
新 疆	Xinjiang	40.3	81.4	4892	679

10-6 各地区城市污水排放和处理情况(2020年)
Urban Waste Water Discharged and Treated by Region (2020)

地 区	Region	城市污水排放量(万立方米) Waste Water Discharged (10 000 cu.m)	污水处理厂(座) Waste Water Treatment Plants (unit)	#二、三级处理 Secondary & Tertiary Treatment	污水处理厂污水处理能力(万立方米/日) Treatment Capacity (10 000 cu.m/day)	#二、三级处理 Secondary & Tertiary Treatment	污水处理厂污水处理量(万立方米) Volume of Waste Water Treated (10 000 cu.m)
全 国	**National Total**	**5713633**	**2618**	**2441**	**19267.1**	**18344.6**	**5472276**
北 京	Beijing	191278	70	70	687.9	687.9	181252
天 津	Tianjin	112734	44	44	338.5	338.5	107704
河 北	Hebei	174010	93	91	680.1	665.1	171325
山 西	Shanxi	96131	48	40	343.1	301.7	95747
内蒙古	Inner Mongolia	66193	41	39	236.6	234.1	64738
辽 宁	Liaoning	313244	131	96	1009.4	818.0	305222
吉 林	Jilin	130519	50	36	445.0	364.5	127508
黑龙江	Heilongjiang	123582	69	68	416.2	406.2	113893
上 海	Shanghai	221504	42	42	840.3	840.3	213021
江 苏	Jiangsu	479860	206	203	1480.9	1456.9	432770
浙 江	Zhejiang	338632	106	106	1173.9	1173.9	327630
安 徽	Anhui	208669	96	95	723.5	718.5	199819
福 建	Fujian	143773	55	54	428.5	423.5	134279
江 西	Jiangxi	110960	68	54	360.7	305.7	107047
山 东	Shandong	341815	218	218	1364.8	1364.8	335352
河 南	Henan	194771	110	106	890.3	846.3	191456
湖 北	Hubei	287470	101	98	868.7	848.4	265161
湖 南	Hunan	243174	92	76	741.5	658.0	235758
广 东	Guangdong	830750	320	303	2714.8	2602.9	810532
广 西	Guangxi	153058	63	62	452.1	444.1	135809
海 南	Hainan	37156	25	22	118.9	111.8	36610
重 庆	Chongqing	142252	80	76	411.9	391.4	139185
四 川	Sichuan	257678	149	141	788.9	775.1	241109
贵 州	Guizhou	93831	101	101	345.5	345.5	91426
云 南	Yunnan	109046	59	56	309.0	302.5	105397
西 藏	Tibet	10037	9	6	28.7	10.2	9663
陕 西	Shaanxi	131968	57	47	415.4	364.4	127737
甘 肃	Gansu	48396	30	28	169.1	165.3	47031
青 海	Qinghai	18465	14	13	61.8	60.3	17599
宁 夏	Ningxia	28138	23	20	118.6	108.1	27222
新 疆	Xinjiang	74541	48	30	303.1	211.3	73273

10-6 续表 continued

地 区 Region	污水处理装置 Waste Water Treatment Equipments		污水处理总能力（万立方米/日）Total Treatment Capacity (10 000 cu.m/day)	污水处理总量（万立方米）Total Volume of Waste Water Treated (10 000 cu.m)	市政再生水利用量（万立方米）Total Volume of Waste Water Recycled & Reused (10 000 cu.m)	城市污水处理率(%) Waste Water Treatment Rate (%)	#污水处理厂集中处理率 Waste Water Treatment Concentration Rate
	处理能力（万立方米/日）Treatment Capacity (10 000 cu.m/day)	处理量（万立方米）Volume of Treatment (10 000 cu.m)					
全 国 National Total	**1138.0**	**100506**	**20405.1**	**5572782**	**1353832**	**97.5**	**95.8**
北 京 Beijing	22.8	3455	710.7	184707	120133	96.6	94.8
天 津 Tianjin	3.4	994	341.9	108698	35470	96.4	95.5
河 北 Hebei			680.1	171325	70861	98.5	98.5
山 西 Shanxi			343.1	95747	23820	99.6	99.6
内蒙古 Inner Mongolia			236.6	64738	25305	97.8	97.8
辽 宁 Liaoning	11.4	2486	1020.8	307708	33767	98.2	97.4
吉 林 Jilin			445.0	127508	18561	97.7	97.7
黑龙江 Heilongjiang	46.0	4726	462.1	118620	26773	96.0	92.2
上 海 Shanghai		1124	840.3	214144		96.7	96.2
江 苏 Jiangsu	373.7	31840	1854.7	464610	125539	96.8	90.2
浙 江 Zhejiang	13.4	3165	1187.3	330795	38754	97.7	96.8
安 徽 Anhui	55.8	3482	779.3	203300	77948	97.4	95.8
福 建 Fujian	46.7	5400	475.1	139680	28980	97.2	93.4
江 西 Jiangxi	5.4	1120	366.1	108167	24	97.5	96.5
山 东 Shandong	11.7	521	1376.4	335873	148312	98.3	98.1
河 南 Henan	6.5	37	896.8	191493	72026	98.3	98.3
湖 北 Hubei	59.6	13598	928.2	278759	47695	97.0	92.2
湖 南 Hunan	25.1	2045	766.6	237804	20422	97.8	97.0
广 东 Guangdong	33.8	742	2748.6	811273	280394	97.7	97.6
广 西 Guangxi	366.6	15708	818.7	151517	16736	99.0	88.7
海 南 Hainan	0.5	56	119.4	36666	2461	98.7	98.5
重 庆 Chongqing	2.9	457	414.8	139642	1486	98.2	97.8
四 川 Sichuan	40.6	8488	829.4	249598	32023	96.9	93.6
贵 州 Guizhou			345.5	91426	5200	97.4	97.4
云 南 Yunnan	9.9	1062	318.9	106459	34628	97.6	96.7
西 藏 Tibet			28.7	9663	2	96.3	96.3
陕 西 Shaanxi			415.4	127737	27550	96.8	96.8
甘 肃 Gansu			169.1	47031	5739	97.2	97.2
青 海 Qinghai			61.8	17599	3088	95.3	95.3
宁 夏 Ningxia			118.6	27222	6769	96.7	96.7
新 疆 Xinjiang	2.4		305.5	73273	23366	98.3	98.3

10-7 各地区城市市容环境卫生情况（2020年）
Urban Environmental Sanitation by Region (2020)

地区	Region	道路清扫保洁面积（万平方米）Area under Cleaning Program (10 000 sq.m)	生活垃圾清运量（万吨）Volume of Domestic Garbage Collected and Transported (10 000 tons)	无害化处理厂（座）Number of Harmless Treatment Plants/Grounds (unit)	卫生填埋 Sanitary Landfill	焚烧 Incineration	其他 Others
全国	**National Total**	**975595**	**23511.7**	**1287**	**644**	**463**	**180**
北京	Beijing	16775	797.5	41	9	12	20
天津	Tianjin	13287	306.5	19	4	11	4
河北	Hebei	40082	786.2	59	38	15	6
山西	Shanxi	22495	460.7	31	21	8	2
内蒙古	Inner Mongolia	26007	387.7	29	25	4	
辽宁	Liaoning	47435	993.3	41	29	8	4
吉林	Jilin	18410	464.2	34	21	10	3
黑龙江	Heilongjiang	27643	497.6	45	34	7	4
上海	Shanghai	18699	868.1	23	5	10	8
江苏	Jiangsu	69489	1870.5	85	25	46	14
浙江	Zhejiang	53870	1444.9	76	16	43	17
安徽	Anhui	42841	660.7	49	16	22	11
福建	Fujian	21399	878.5	35	10	18	7
江西	Jiangxi	25992	527.5	29	12	14	3
山东	Shandong	77847	1673.9	97	31	49	17
河南	Henan	44651	1130.2	48	36	11	1
湖北	Hubei	45008	987.4	63	34	16	13
湖南	Hunan	29576	797.1	43	26	11	6
广东	Guangdong	120331	3102.5	118	48	57	13
广西	Guangxi	27715	519.6	33	18	14	1
海南	Hainan	9962	253.6	12	6	4	2
重庆	Chongqing	22755	628.5	25	16	7	2
四川	Sichuan	45041	1136.6	51	22	25	4
贵州	Guizhou	16721	358.5	35	14	14	7
云南	Yunnan	19041	487.5	36	24	11	1
西藏	Tibet	2140	62.3	11	10	1	
陕西	Shaanxi	20880	550.0	33	28	4	1
甘肃	Gansu	13580	272.6	24	19	3	2
青海	Qinghai	4015	116.2	12	10		2
宁夏	Ningxia	9376	126.8	14	7	4	3
新疆	Xinjiang	22533	364.2	36	30	4	2

10-7 续表 1 continued 1

地 区	Region	无害化处理量(万吨) Amount of Harmless Treated (10 000 tons)	卫生填埋 Sanitary Landfill	焚烧 Incineration	其他 Others	市容环卫专用车辆设备(辆) City Sanitation Special Vehicles (unit)
全 国	**National Total**	**23452.3**	**7771.5**	**14607.6**	**1073.2**	**306422**
北 京	Beijing	797.5	111.6	507.2	178.7	13403
天 津	Tianjin	306.5	79.3	195.7	31.6	5568
河 北	Hebei	786.2	309.7	447.2	29.2	12684
山 西	Shanxi	460.7	284.2	167.3	9.3	7674
内蒙古	Inner Mongolia	387.4	268.6	118.8		6987
辽 宁	Liaoning	988.6	574.0	375.6	39.0	11196
吉 林	Jilin	464.2	174.7	279.2	10.2	8003
黑龙江	Heilongjiang	497.0	349.2	130.2	17.6	9144
上 海	Shanghai	868.1	70.0	682.1	116.0	10000
江 苏	Jiangsu	1870.5	196.6	1599.1	74.8	21351
浙 江	Zhejiang	1444.9	294.7	1068.5	81.7	10316
安 徽	Anhui	660.7	87.8	548.9	24.0	10354
福 建	Fujian	878.5	131.6	699.1	47.8	7342
江 西	Jiangxi	527.5	195.9	324.7	6.9	9695
山 东	Shandong	1673.9	137.8	1476.7	59.4	21675
河 南	Henan	1129.5	683.1	445.2	1.2	18459
湖 北	Hubei	987.4	423.5	479.1	84.8	14587
湖 南	Hunan	797.1	348.4	415.6	33.1	7069
广 东	Guangdong	3101.0	896.4	2108.4	96.2	28247
广 西	Guangxi	519.6	251.6	262.1	5.9	10164
海 南	Hainan	253.6	80.3	157.5	15.9	11662
重 庆	Chongqing	589.7	194.4	386.2	9.2	5008
四 川	Sichuan	1136.5	370.5	749.3	16.6	12025
贵 州	Guizhou	350.8	136.6	197.3	16.8	5485
云 南	Yunnan	487.4	196.9	278.9	11.6	5254
西 藏	Tibet	62.1	42.4	19.7		1425
陕 西	Shaanxi	549.6	300.2	247.0	2.5	5264
甘 肃	Gansu	272.6	136.0	121.4	15.2	5624
青 海	Qinghai	115.4	97.7		17.7	951
宁 夏	Ningxia	126.8	40.0	71.7	15.1	2137
新 疆	Xinjiang	360.8	308.0	47.8	5.0	7669

10-7 续表 2 continued 2

地 区	Region	无害化处理能力(吨/日) Harmless Treatment Capacity (ton/day)	卫生填埋 Sanitary Landfill	焚烧 Incineration	其他 Others	生活垃圾无害化处理率(%) Rate of Domestic Garbage Harmless Treatment (%)
全 国	**National Total**	**963460**	**337848**	**567804**	**57808**	**99.7**
北 京	Beijing	33811	7491	18090	8230	100.0
天 津	Tianjin	20400	5100	13550	1750	100.0
河 北	Hebei	32173	11743	18460	1970	100.0
山 西	Shanxi	16783	9207	7298	278	100.0
内蒙古	Inner Mongolia	12948	8798	4150		99.9
辽 宁	Liaoning	32837	18737	12580	1520	99.5
吉 林	Jilin	18925	8795	9450	680	100.0
黑龙江	Heilongjiang	22498	15003	6452	1043	99.9
上 海	Shanghai	40046	15350	19300	5396	100.0
江 苏	Jiangsu	83051	13715	65420	3916	100.0
浙 江	Zhejiang	76603	12133	58630	5840	100.0
安 徽	Anhui	32242	8182	21510	2550	100.0
福 建	Fujian	27759	4379	20800	2580	100.0
江 西	Jiangxi	23293	7690	15200	403	100.0
山 东	Shandong	67636	14946	49450	3240	100.0
河 南	Henan	37366	20516	16800	50	99.9
湖 北	Hubei	36597	14569	16205	5824	100.0
湖 南	Hunan	32355	15851	14619	1885	100.0
广 东	Guangdong	136593	43558	87416	5620	99.9
广 西	Guangxi	18972	7172	11650	150	100.0
海 南	Hainan	8685	2310	5875	500	100.0
重 庆	Chongqing	19449	8049	11100	300	93.8
四 川	Sichuan	39444	13175	25336	933	100.0
贵 州	Guizhou	18607	6347	11100	1160	97.8
云 南	Yunnan	17195	6145	10950	100	100.0
西 藏	Tibet	3055	2355	700		99.6
陕 西	Shaanxi	18710	11699	6911	100	99.9
甘 肃	Gansu	9593	5674	3208	710	100.0
青 海	Qinghai	2140	1970		170	99.3
宁 夏	Ningxia	5936	2630	2745	560	100.0
新 疆	Xinjiang	17760	14560	2850	350	99.1

10-7 续表 3 continued 3

地 区	Region	公共厕所数 (座) Number of Public Lavatories (unit)	#三类以上 Grade Ⅲ and Above	每万人拥有公厕 (座) Number of Public Lavatories per 10 000 Population (unit)
全 国	**National Total**	**165186**	**141279**	**3.07**
北 京	Beijing	6177	6177	3.22
天 津	Tianjin	4269	3810	3.63
河 北	Hebei	6611	5383	3.39
山 西	Shanxi	3015	2057	2.49
内蒙古	Inner Mongolia	7237	5050	7.85
辽 宁	Liaoning	4664	3281	2.07
吉 林	Jilin	4319	3507	3.55
黑龙江	Heilongjiang	6048	3397	4.27
上 海	Shanghai	5676	3799	2.34
江 苏	Jiangsu	14961	13729	4.23
浙 江	Zhejiang	8631	7595	3.05
安 徽	Anhui	4769	4387	2.68
福 建	Fujian	6344	5022	4.57
江 西	Jiangxi	4331	4028	3.27
山 东	Shandong	8028	7470	2.01
河 南	Henan	10890	10279	4.06
湖 北	Hubei	6197	5588	2.71
湖 南	Hunan	4380	3205	2.49
广 东	Guangdong	12288	11788	1.94
广 西	Guangxi	1934	1772	1.52
海 南	Hainan	1296	1247	3.68
重 庆	Chongqing	4801	3729	2.98
四 川	Sichuan	7527	6421	2.68
贵 州	Guizhou	2445	2328	2.92
云 南	Yunnan	5155	4968	5.02
西 藏	Tibet	778	156	7.77
陕 西	Shaanxi	6286	6019	4.86
甘 肃	Gansu	2115	1849	3.26
青 海	Qinghai	741	652	3.44
宁 夏	Ningxia	898	873	2.99
新 疆	Xinjiang	2375	1713	2.67

10-8 各地区城市燃气情况(2020年)
Supply of Gas in Cities by Region (2020)

地 区	Region	人工煤气 Coal Gas				
		生产能力 (万立方米/日) Production Capacity (10 000 cu.m/day)	供气管道长度 (公里) Length of Gas Supply Pipeline (km)	供气总量 (万立方米) Total Gas Supply (10 000 cu.m)	#家庭用量 Domestic Consumption	用气人口 (万人) Population Covered (10 000 persons)
全 国	**National Total**	**1394.6**	**9859.6**	**231447**	**52031**	**548.2**
北 京	Beijing					
天 津	Tianjin					
河 北	Hebei	11.8	813.7	46896	2135	28.3
山 西	Shanxi	262.0	989.9	45340	2018	27.3
内蒙古	Inner Mongolia		291.0	3171	2446	14.4
辽 宁	Liaoning	178.1	3817.6	31917	25219	288.9
吉 林	Jilin		346.5	3158	2031	41.3
黑龙江	Heilongjiang		318.9	2380	1752	33.9
上 海	Shanghai					
江 苏	Jiangsu					
浙 江	Zhejiang					
安 徽	Anhui					
福 建	Fujian	10.0	156.0	884	869	6.8
江 西	Jiangxi	12.0	580.8	14837	1186	6.6
山 东	Shandong	340.0	10.0	29487		
河 南	Henan	179.5	241.6	30582	24	0.0
湖 北	Hubei		589.1			
湖 南	Hunan					
广 东	Guangdong					
广 西	Guangxi	9.6	667.2	4627	3388	34.5
海 南	Hainan					
重 庆	Chongqing					
四 川	Sichuan		700.8	14320	7398	45.3
贵 州	Guizhou					
云 南	Yunnan					
西 藏	Tibet					
陕 西	Shaanxi					
甘 肃	Gansu	345.6	276.0	2092	1810	14.3
青 海	Qinghai					
宁 夏	Ningxia					
新 疆	Xinjiang	46.0	60.5	1757	1756	6.7

10-8 续表 1 continued 1

地 区	Region	天然气 Natural Gas			
		供气管道长度（公里）Length of Gas Supply Pipeline (km)	供气总量（万立方米）Total Gas Supply (10 000 cu.m)	#家庭用量 Domestic Consumption	用气人口（万人）Population Covered (10 000 persons)
全 国	**National Total**	**850552.1**	**15637020**	**3815984**	**41301.6**
北 京	Beijing	30303.5	1854130	158446	1475.6
天 津	Tianjin	47064.2	601576	93414	1111.1
河 北	Hebei	39547.3	642810	202957	1737.2
山 西	Shanxi	24701.8	280869	86483	1115.9
内蒙古	Inner Mongolia	11064.6	207514	83028	672.8
辽 宁	Liaoning	29121.9	339622	72773	1654.3
吉 林	Jilin	13892.3	214186	41805	859.3
黑龙江	Heilongjiang	11560.1	153326	40245	977.4
上 海	Shanghai	32865.0	899019	173825	1875.0
江 苏	Jiangsu	95314.8	1437794	310763	3172.7
浙 江	Zhejiang	50862.5	775960	124016	1925.4
安 徽	Anhui	32274.4	414417	128570	1612.6
福 建	Fujian	14737.8	258571	29332	800.0
江 西	Jiangxi	18243.9	194417	66119	910.3
山 东	Shandong	74784.3	1178045	267269	3608.9
河 南	Henan	29996.9	620406	225626	2220.2
湖 北	Hubei	46215.2	548802	166273	1862.2
湖 南	Hunan	24023.2	283930	119480	1245.4
广 东	Guangdong	43629.1	1269927	165887	3307.2
广 西	Guangxi	9655.0	156757	44231	703.9
海 南	Hainan	4660.2	38796	20797	278.9
重 庆	Chongqing	24556.8	526164	230166	1489.5
四 川	Sichuan	62616.5	865231	390413	2577.8
贵 州	Guizhou	8860.8	126337	42938	495.2
云 南	Yunnan	8708.5	60287	18180	563.1
西 藏	Tibet	6165.9	4269	2218	35.7
陕 西	Shaanxi	23363.7	556359	227766	1221.4
甘 肃	Gansu	4265.2	254405	64666	524.8
青 海	Qinghai	3295.8	170973	47706	177.1
宁 夏	Ningxia	7217.2	161214	44841	268.0
新 疆	Xinjiang	16984.1	540909	125753	823.0

10-8 续表 2 continued 2

地 区 Region	液化石油气 Liquefied Petroleum Gas				燃气普及率 (%) Gas Coverage Rate (%)
	供气管道长度 (公里) Length of Gas Supply Pipeline (km)	供气总量 (吨) Total Gas Supply (ton)	#家庭用量 Domestic Consumption	用气人口 (万人) Population Covered (10 000 persons)	
全 国 National Total	**4010.0**	**8337109**	**4786679**	**10767.5**	**97.9**
北 京 Beijing	229.0	318293	106695	440.8	100.0
天 津 Tianjin		60576	39143	63.4	100.0
河 北 Hebei	140.1	80268	55681	179.5	99.7
山 西 Shanxi	13.4	57164	43186	53.6	98.7
内蒙古 Inner Mongolia	120.0	57053	44241	209.7	97.3
辽 宁 Liaoning	295.8	549329	116119	286.8	98.7
吉 林 Jilin	29.5	141174	44377	229.9	92.9
黑龙江 Heilongjiang	19.2	146844	83686	274.5	90.8
上 海 Shanghai	263.2	268425	153474	553.2	100.0
江 苏 Jiangsu	149.8	525335	314541	362.4	99.9
浙 江 Zhejiang	265.0	839084	576886	907.6	100.0
安 徽 Anhui	243.2	157719	87248	156.2	99.2
福 建 Fujian	194.8	290478	177499	571.7	99.2
江 西 Jiangxi	142.1	212089	165542	377.4	97.6
山 东 Shandong	2.7	291444	188377	352.7	99.3
河 南 Henan	14.2	165378	138686	374.1	96.8
湖 北 Hubei	130.0	271930	182020	384.8	98.4
湖 南 Hunan	41.6	252371	198249	464.0	97.3
广 东 Guangdong	868.8	2557229	1413011	2965.8	99.0
广 西 Guangxi	2.1	317494	233803	524.0	99.4
海 南 Hainan		77971	70579	69.2	98.9
重 庆 Chongqing		57150	37258	58.9	96.2
四 川 Sichuan	710.2	204998	93579	112.5	97.4
贵 州 Guizhou		117404	49023	296.5	94.6
云 南 Yunnan	18.1	150339	56965	245.0	78.7
西 藏 Tibet	1.4	8596	7868	27.6	63.2
陕 西 Shaanxi	2.7	37064	23956	55.4	98.6
甘 肃 Gansu	110.0	33979	24280	75.7	94.8
青 海 Qinghai		17193	15558	25.2	93.8
宁 夏 Ningxia	0.8	14776	6155	24.5	97.5
新 疆 Xinjiang	2.2	57962	38994	45.1	98.4

10-9 各地区城市集中供热情况(2020年)
Central Heating in Cities by Region (2020)

地　区	Region	供热能力 Heating Capacity		供热总量 Total Heating Supply	
		蒸　汽 (吨/小时) Steam (ton/hour)	热　水 (兆瓦) Hot Water (megawatts)	蒸　汽 (万吉焦) Steam (10 000 gigajoules)	热　水 (万吉焦) Hot Water (10 000 gigajoules)
全　国	**National Total**	**103471**	**566181**	**65054**	**345004**
北　京	Beijing		49656		19189
天　津	Tianjin	1875	31269	1014	17125
河　北	Hebei	5813	48237	6977	28120
山　西	Shanxi	18029	23614	10682	16072
内蒙古	Inner Mongolia	3131	49223	2000	33659
辽　宁	Liaoning	16911	71732	11414	51777
吉　林	Jilin	1958	46265	1073	27481
黑龙江	Heilongjiang	4901	55185	2498	42887
上　海	Shanghai				
江　苏	Jiangsu		2		3
浙　江	Zhejiang				
安　徽	Anhui	2745	280	3461	5
福　建	Fujian				
江　西	Jiangxi				
山　东	Shandong	27649	68642	13849	38698
河　南	Henan	6008	24326	3472	16052
湖　北	Hubei	1484	220	1000	36
湖　南	Hunan				
广　东	Guangdong				
广　西	Guangxi				
海　南	Hainan				
重　庆	Chongqing				
四　川	Sichuan				
贵　州	Guizhou		309		50
云　南	Yunnan		361		76
西　藏	Tibet		64		120
陕　西	Shaanxi	6738	25145	3489	12144
甘　肃	Gansu	1100	19398	648	12319
青　海	Qinghai		4852		5411
宁　夏	Ningxia	2004	7766	993	5518
新　疆	Xinjiang	3125	39634	2484	18262

10-9 续表 continued

地 区	Region	管道长度(公里) Length of Pipelines (km)	供热面积(万平方米) Heated Area (10 000 sq.m)	#住 宅 Housing
全 国	**National Total**	**425982**	**988209**	**742971**
北 京	Beijing	63740	65935	45486
天 津	Tianjin	33687	55336	42826
河 北	Hebei	41990	87793	69584
山 西	Shanxi	22412	74890	55291
内蒙古	Inner Mongolia	23518	63312	41656
辽 宁	Liaoning	58834	132767	97986
吉 林	Jilin	31996	67591	47517
黑龙江	Heilongjiang	21135	82604	58430
上 海	Shanghai			
江 苏	Jiangsu	0	4	4
浙 江	Zhejiang			
安 徽	Anhui	741	2576	1516
福 建	Fujian			
江 西	Jiangxi			
山 东	Shandong	79113	159346	134272
河 南	Henan	12911	55995	47572
湖 北	Hubei	580	1759	1441
湖 南	Hunan			
广 东	Guangdong			
广 西	Guangxi			
海 南	Hainan			
重 庆	Chongqing			
四 川	Sichuan	25		
贵 州	Guizhou	39	137	72
云 南	Yunnan	460	110	50
西 藏	Tibet	300	182	54
陕 西	Shaanxi	4117	41685	34274
甘 肃	Gansu	6285	27868	19343
青 海	Qinghai	2113	10304	7084
宁 夏	Ningxia	7132	14523	11207
新 疆	Xinjiang	14855	43493	27308

10-10 各地区城市园林绿化情况(2020年)
Area of Parks & Green Land in Cities by Region (2020)

单位：公顷 (hectare)

地 区	Region	绿化覆盖面积 Green Covered Area	#建成区 Built District	绿地面积 Area of Parks and Green Space	#建成区 Built District	公园绿地面积 Area of Public Recreational Green Space
全 国	**National Total**	**3779512**	**2637533**	**3312245**	**2398085**	**797912**
北 京	Beijing	97141	97141	92683	92683	35720
天 津	Tianjin	47483	43992	43704	40326	12114
河 北	Hebei	116264	95985	98786	87793	29830
山 西	Shanxi	64933	55600	56625	50600	16375
内蒙古	Inner Mongolia	72877	51058	68541	47190	17704
辽 宁	Liaoning	220797	113730	147906	106902	30267
吉 林	Jilin	104385	63254	92571	55875	15736
黑龙江	Heilongjiang	80198	67367	71526	60567	18085
上 海	Shanghai	170032	46192	164611	44307	21981
江 苏	Jiangsu	337357	208084	305816	192000	54270
浙 江	Zhejiang	199604	133302	179350	120188	38499
安 徽	Anhui	135493	101232	119533	92762	26520
福 建	Fujian	82235	73563	75283	67473	20763
江 西	Jiangxi	84260	78965	77149	72784	19626
山 东	Shandong	299506	235167	262968	213231	70508
河 南	Henan	138690	127423	122110	110898	38664
湖 北	Hubei	122451	113217	105752	100773	31578
湖 南	Hunan	90846	81335	80964	72880	21368
广 东	Guangdong	568920	282760	525545	256111	114965
广 西	Guangxi	122926	66813	74719	58134	16332
海 南	Hainan	19306	15870	17652	14383	4090
重 庆	Chongqing	79620	67405	70680	62036	26571
四 川	Sichuan	148547	135545	130514	119302	40440
贵 州	Guizhou	74639	45781	56825	43412	14265
云 南	Yunnan	57759	51232	51338	46306	12607
西 藏	Tibet	6656	6410	6290	6050	1204
陕 西	Shaanxi	75602	55987	65894	50899	16554
甘 肃	Gansu	35000	32702	30253	29281	9825
青 海	Qinghai	8981	8444	8443	7928	2685
宁 夏	Ningxia	28560	20735	26934	19596	6304
新 疆	Xinjiang	88442	61243	81280	55414	12460

注：1.北京市各项数据为该市调查面积内数据，全国城市人均公园绿地面积、建成区绿化覆盖率和建成区绿地率作适当修正。
Note: a)All the data for Beijing in the Table are those for the areas surveyed in the city, and the public recreational green space per capita, green coverage rate of built district and green space rate of built district of national total have been revised appropriatel

10-10 续表 continued

地 区	Region	人均公园绿地面积(平方米) Public Recreational Green Space per Capita (sq.m)	建成区绿化覆盖率(%) Green Coverage Rate of Built District (%)	建成区绿地率(%) Green Space Rate of Built District (%)	公园个数(个) Number of Parks (unit)	公园面积(公顷) Area of Parks (hectare)
全 国	**National Total**	**14.8**	**42.1**	**38.2**	**19823**	**538477**
北 京	Beijing	16.6	49.0	46.7	360	35720
天 津	Tianjin	10.3	37.6	34.5	140	2858
河 北	Hebei	15.3	42.9	39.3	779	22836
山 西	Shanxi	13.5	43.9	39.9	284	12746
内蒙古	Inner Mongolia	19.2	40.5	37.4	340	14325
辽 宁	Liaoning	13.4	41.7	39.2	606	21061
吉 林	Jilin	12.9	40.4	35.7	377	12730
黑龙江	Heilongjiang	12.8	36.9	33.2	422	11857
上 海	Shanghai	9.1	37.3	35.8	386	3359
江 苏	Jiangsu	15.3	43.5	40.1	1194	33106
浙 江	Zhejiang	13.6	42.2	38.1	1547	22109
安 徽	Anhui	14.9	42.0	38.5	588	18795
福 建	Fujian	14.9	44.6	40.9	716	16129
江 西	Jiangxi	14.8	46.4	42.7	714	14856
山 东	Shandong	17.7	41.6	37.8	1299	47635
河 南	Henan	14.4	41.9	36.5	538	18463
湖 北	Hubei	13.8	41.1	36.6	520	18476
湖 南	Hunan	12.2	41.5	37.2	456	14244
广 东	Guangdong	18.1	43.5	39.4	4330	84736
广 西	Guangxi	12.9	41.3	35.9	346	15222
海 南	Hainan	11.6	40.6	36.8	128	2469
重 庆	Chongqing	16.5	43.1	39.6	514	16042
四 川	Sichuan	14.4	42.5	37.4	786	24519
贵 州	Guizhou	17.0	40.9	38.8	256	12933
云 南	Yunnan	12.3	40.5	36.6	948	10280
西 藏	Tibet	12.0	38.1	35.9	155	907
陕 西	Shaanxi	12.8	40.8	37.1	366	10177
甘 肃	Gansu	15.2	36.3	32.5	203	6066
青 海	Qinghai	12.5	35.9	33.7	64	1767
宁 夏	Ningxia	21.0	42.0	39.6	112	3669
新 疆	Xinjiang	14.0	40.9	37.0	349	8388

10-11 各地区城市公共交通情况(2020年)
Urban Public Transportation by Region (2020)

地区	Region	公共汽电车 Bus and Trolley Bus			轨道交通 Subways, Light Rail, Streetcar		
		运营车数(辆) Number of Bus in Operation (unit)	运营线路总长度(公里) Length of Routes in Operation (km)	客运总量(万人次) Total Passenger Traffic (10 000 person-times)	配属车辆数(辆) Number of Attached Vehicles (unit)	运营里程(公里) Length in Operation (km)	客运总量(万人次) Total Passenger Traffic (10 000 person-times)
全国	**National Total**	**589961**	**1042348**	**3951265**	**49424**	**7355**	**1759044**
北京	Beijing	23948	28418	182567	6779	727	229275
天津	Tianjin	12399	27143	61391	1244	239	33865
河北	Hebei	22571	43252	79787	408	59	7169
山西	Shanxi	10935	20255	86284	96	24	89
内蒙古	Inner Mongolia	8852	20266	54104	312	49	2128
辽宁	Liaoning	22597	31195	226098	1348	295	44585
吉林	Jilin	11429	20508	100189	839	118	16436
黑龙江	Heilongjiang	16954	29406	108158	186	30	5123
上海	Shanghai	17667	24945	133808	7071	729	283469
江苏	Jiangsu	46683	83541	265665	3899	792	124714
浙江	Zhejiang	38067	107849	188947	2880	508	74821
安徽	Anhui	18927	27725	95241	732	113	19507
福建	Fujian	17558	30924	127999	870	130	20871
江西	Jiangxi	11211	25969	66538	438	60	13510
山东	Shandong	54896	127200	227077	1191	303	14843
河南	Henan	28374	30085	150007	918	181	34101
湖北	Hubei	21919	27088	152054	2578	384	62059
湖南	Hunan	24896	28682	165608	891	158	38576
广东	Guangdong	65964	117919	394155	6593	1029	407694
广西	Guangxi	10273	17897	54367	696	105	20841
海南	Hainan	4031	9212	17585	11	8	22
重庆	Chongqing	13754	27219	171287	2062	343	83975
四川	Sichuan	28441	42064	254406	4478	558	121962
贵州	Guizhou	7827	14085	117593	204	35	3698
云南	Yunnan	12144	25619	88896	732	139	15990
西藏	Tibet	706	2716	7588			
陕西	Shaanxi	14917	16090	139179	1650	186	72561
甘肃	Gansu	7307	13590	101584	156	26	5248
青海	Qinghai	2497	3311	29149			
宁夏	Ningxia	2947	6533	22226			
新疆	Xinjiang	9270	11642	81731	162	27	1912

资料来源：交通运输部。
Source: Ministry of Transport.

10-11 续表 continued

地 区 Region	巡游出租汽车 Taxi		客运轮渡 Ferry	
	运营车数（辆） Number of Taxi in Operation (unit)	客运总量（万人次） Total Passenger Traffic (10 000 person-times)	运营船数（艘） Number of Ferry in Operation (unit)	客运总量（万人次） Total Passenger Traffic (10 000 person-times)
全 国 National Total	**1113153**	**1968024**	**191**	**3829**
北 京 Beijing	74875	17427		
天 津 Tianjin	31779	8542		
河 北 Hebei	53490	68321		
山 西 Shanxi	31919	55349		
内蒙古 Inner Mongolia	38517	73427		
辽 宁 Liaoning	82499	160672		
吉 林 Jilin	54684	121615		
黑龙江 Heilongjiang	63281	147610	16	63
上 海 Shanghai	37322	36689	35	580
江 苏 Jiangsu	50567	65298	12	174
浙 江 Zhejiang	39750	61766	5	80
安 徽 Anhui	39776	85274		
福 建 Fujian	19536	41230	24	1489
江 西 Jiangxi	14006	34452		
山 东 Shandong	61666	74436	3	
河 南 Henan	48706	87382		
湖 北 Hubei	37626	71304	24	219
湖 南 Hunan	27139	89243	5	35
广 东 Guangdong	59326	96139	58	1108
广 西 Guangxi	17398	18745		
海 南 Hainan	5961	8633		
重 庆 Chongqing	22475	62381	9	82
四 川 Sichuan	36165	110122		
贵 州 Guizhou	30584	89008		
云 南 Yunnan	20827	37047		
西 藏 Tibet	1704	7426		
陕 西 Shaanxi	28444	67742		
甘 肃 Gansu	25129	58792		
青 海 Qinghai	8676	17123		
宁 夏 Ningxia	13482	29253		
新 疆 Xinjiang	35844	65577		

10-12 主要城市道路交通噪声监测情况(2020年)
Monitoring of Urban Road Traffic Noise in Main Cities (2020)

城市	City	路段总长度 (米) Total Length of Roads (m)	超70dB(A)路段长度 (米) Roads above 70dB(A) (m)	超70dB(A)路段长度百分比 (%) Percentage of Roads above 70dB(A) (%)	路段平均路宽 (米) Average Width of Roads (m)	噪声等效声级 dB(A) Equivalent Noise Level dB(A)
北京	Beijing	959868	340712	35.5	33	69.0
天津	Tianjin	499587	84334	16.9	29	66.7
石家庄	Shijiazhuang	399247	82486	20.7	19	67.3
太原	Taiyuan	134461	6575	4.9	42	66.8
呼和浩特	Hohhot	234206	74352	31.0	34	68.1
沈阳	Shenyang	144000	75850	52.7	40	70.0
长春	Changchun	279749	108987	39.0	29	69.7
哈尔滨	Harbin	120200	72000	59.9	17	70.3
上海	Shanghai	197231	67240	34.1	32	68.2
南京	Nanjing	280206	31517	11.2	30	66.8
杭州	Hangzhou	707850	171370	24.2	36	67.6
合肥	Hefei	591699	244654	41.3	35	69.1
福州	Fuzhou	335320	112740	33.6	27	68.3
南昌	Nanchang	248728	35072	14.1	38	66.2
济南	Jinan	191282	55308	28.9	51	69.1
郑州	Zhengzhou	131325	40242	30.6	42	68.5
武汉	Wuhan	396728	114419	28.8	26	68.2
长沙	Changsha	355660	143840	40.4	36	69.3
广州	Guangzhou	1021966	366362	35.8	28	69.3
南宁	Nanning	159709	51118	32.0	53	68.5
海口	Haikou	437477	110896	25.3	38	67.7
重庆	Chongqing	533890	10990	2.1	24	65.3
成都	Chengdu	214840	69794	32.5	41	69.6
贵阳	Guiyang	650577	260440	40.0	36	69.7
昆明	Kunming	296353	62191	21.0	35	67.3
拉萨	Lhasa	52950	4300	8.1	20	67.7
西安	Xi'an	199767	75127	37.6	38	69.4
兰州	Lanzhou	123326	17882	14.5	23	68.8
西宁	Xining	85680	10340	12.1	17	68.3
银川	Yinchuan	198800	22820	11.5	37	66.6
乌鲁木齐	Urumqi	265386			27	61.5

资料来源：生态环境部(下表同)。
Source: Ministry of Ecology and Environment (the same as in the following table).

10-13 主要城市区域环境噪声监测及声源构成情况(2020年)
Monitoring of Urban Environment Noise and the Composition by Sources in Main Cities (2020)

单位: %，dB(A) (%, dB(A))

城市	City	区域环境噪声等效声级 Urban Environment Noise Equivalent Noise Level	交通噪声 Traffic Noise		工业噪声 Industry Noise	
			所占比例 Percentage of Total	平均声级 Average Noise Value	所占比例 Percentage of Total	平均声级 Average Noise Value
北京	Beijing	53.6	21.1	57.3	5.4	57.0
天津	Tianjin	53.3	12.9	57.9	13.8	54.1
石家庄	Shijiazhuang	53.7	6.2	55.5		
太原	Taiyuan	53.0	39.2	55.2	2.6	54.7
呼和浩特	Hohhot	53.0	20.2	59.1	3.9	54.6
沈阳	Shenyang	55.7	12.5	56.8	6.7	58.4
长春	Changchun	55.2	26.7	63.4	3.3	56.2
哈尔滨	Harbin	58.0	16.7	68.5	2.3	55.2
上海	Shanghai	54.2	14.1	56.6	11.6	56.2
南京	Nanjing	53.5	33.9	54.5	15.2	55.0
杭州	Hangzhou	56.3	18.6	57.8	19.0	54.8
合肥	Hefei	57.9	20.3	58.3	23.6	58.4
福州	Fuzhou	57.0	15.1	61.7	11.2	55.4
南昌	Nanchang	53.8	6.9	56.0	12.9	56.1
济南	Jinan	55.1	6.2	55.1	4.1	54.9
郑州	Zhengzhou	55.4	17.9	57.0		
武汉	Wuhan	55.9	14.0	58.9	14.2	59.0
长沙	Changsha	54.3	13.7	55.8	0.8	56.8
广州	Guangzhou	55.7	25.0	58.5	15.6	56.3
南宁	Nanning	53.3	28.1	55.4		
海口	Haikou	57.5	14.5	61.5	0.9	53.2
重庆	Chongqing	52.2	10.0	54.1	24.6	52.3
成都	Chengdu	54.6	16.4	57.9	5.5	55.4
贵阳	Guiyang	55.2	38.2	57.1	3.8	56.2
昆明	Kunming	53.9	35.1	56.5	5.7	50.9
拉萨	Lhasa	57.1				
西安	Xi'an	55.8	18.5	57.6	11.5	54.6
兰州	Lanzhou	54.1	25.5	54.7	2.8	52.9
西宁	Xining	52.5	26.6	52.9	10.9	53.1
银川	Yinchuan	52.6	21.5	55.2	9.3	52.9
乌鲁木齐	Urumqi	55.0	27.2	55.6	15.2	54.6

10-13 续表 continued

单位: %，dB(A) (%, dB(A))

城 市	City	施工噪声 Construction Noise		生活噪声 Household Noise	
		所占比例 Percentage of Total	平均声级 Average Noise Value	所占比例 Percentage of Total	平均声级 Average Noise Value
北 京	Beijing	0.5	59.0	73.0	52.2
天 津	Tianjin	2.6	54.9	70.6	52.3
石 家 庄	Shijiazhuang	0.2	51.5	93.5	53.6
太 原	Taiyuan	3.0	54.1	55.2	51.3
呼和浩特	Hohhot	6.2	57.7	69.8	50.7
沈 阳	Shenyang	2.9	55.6	77.9	55.2
长 春	Changchun	1.7	60.8	68.3	51.9
哈 尔 滨	Harbin	1.4	58.4	79.6	55.9
上 海	Shanghai	0.8	56.8	73.5	53.3
南 京	Nanjing	0.6	55.9	50.3	52.3
杭 州	Hangzhou	2.2	54.5	60.2	56.4
合 肥	Hefei	3.5	57.7	52.6	57.6
福 州	Fuzhou	7.8	56.7	65.9	56.3
南 昌	Nanchang	1.8	57.3	78.3	53.1
济 南	Jinan	1.4	55.3	88.2	55.1
郑 州	Zhengzhou	3.0	59.6	79.1	54.8
武 汉	Wuhan	4.0	56.8	67.8	54.6
长 沙	Changsha	8.1	56.5	77.4	53.8
广 州	Guangzhou	2.9	59.0	56.5	54.2
南 宁	Nanning	11.4	54.6	60.5	52.0
海 口	Haikou	2.6	61.8	82.1	56.7
重 庆	Chongqing	2.4	53.7	62.9	51.7
成 都	Chengdu	0.7	54.5	77.4	53.9
贵 阳	Guiyang	7.2	56.4	50.9	53.6
昆 明	Kunming	2.2	54.6	57.0	52.6
拉 萨	Lhasa				
西 安	Xi'an	9.0	54.2	61.0	55.6
兰 州	Lanzhou	0.5	60.6	71.2	53.9
西 宁	Xining	5.5	52.9	57.0	52.1
银 川	Yinchuan	1.4	55.0	67.8	51.7
乌鲁木齐	Urumqi	3.6	55.9	54.0	54.8

十一、农村环境

Rural Environment

11-1 全国农村环境情况(2000-2020年)
Rural Environment (2000-2020)

年 份 Year	农村改水累计受益人口(万人) Accumulative Benefiting Population from Drinking Water Improvement Projects (10 000 persons)	农村改水累计受益率(%) Proportion of Benefiting Population from Drinking Water Improvement (%)	累计使用卫生厕所户数(万户) Households with Access to Sanitation Lavatory (10 000 households)	卫生厕所普及率(%) Sanitation Lavatory Access Rate (%)	农村沼气池产气量(亿立方米) Production of Methane in Rural Areas (100 million cu.m)	太阳能热水器(万平方米) Water Heaters Using Solar Energy (10 000 sq.m)	太阳灶(台) Solar Kitchen Ranges (unit)
2000	88112	92.4	9572	44.8	25.9	1107.8	332390
2001	86113	91.0	11405	46.1	29.8	1319.4	388599
2002	86833	91.7	12062	48.7	37.0	1621.7	478426
2003	87387	92.7	12624	50.9	47.5	2464.8	526177
2004	88616	93.8	13192	53.1	55.7	2845.9	577625
2005	88893	94.1	13740	55.3	72.9	3205.6	685552
2006	86629	91.1	13873	55.0	83.6	3941.0	865238
2007	87859	92.1	14442	57.0	101.7	4286.4	1118763
2008	89447	93.6	15166	59.7	118.4	4758.7	1356755
2009	90251	94.3	16056	63.2	130.8	4997.1	1484271
2010	90834	94.9	17138	67.4	139.6	5488.9	1617233
2011	89971	94.2	18019	69.2	152.8	6231.9	2139454
2012	91208	95.3	18628	71.7	157.6	6801.8	2207246
2013	89938	95.6	19401	74.1	157.8	7294.6	2264356
2014	91511	95.8	19939	76.1	155.0	7782.9	2299635
2015			20684	78.4	153.9	8232.6	2325927
2016			21460	80.3	144.9	8623.7	2279387
2017			21701	81.7	123.8	8723.5	2222666
2018					112.2	8805.4	2135756
2019						8476.7	1835693
2020						8420.7	1706244

11-2 各地区农村可再生能源利用情况(2020年)
Use of Renewable Energy in Rural Area by Region (2020)

地 区	Region	户用沼气池数量(万户) Number of Household Biogas Digester (10 000 unit)	沼气工程数量(个) Number of Biogas Project (unit)	太阳能热水器(万平方米) Water Heaters Using Solar Energy (10 000 sq.m)	太阳房(万平方米) Solar Energy Houses (10 000 sq.m)	太阳灶(台) Solar Kitchen Ranges (unit)
全 国	**National**	**3007.7**	**93481**	**8420.7**	**1822.3**	**1706244**
北 京	Beijing	0.0	8	90.1	114.3	
天 津	Tianjin	2.5	277	40.5		
河 北	Hebei	78.9	1853	611.4	173.8	7934
山 西	Shanxi	20.9	178	60.6		46901
内 蒙	Inner Mongolia	22.4	220	62.3	28.9	20766
辽 宁	Liaoning	30.2	712	89.9	144.2	171
吉 林	Jilin	19.4	64	69.0	289.4	360
黑龙江	Heilongjiang	19.0	1261	26.9	160.2	
上 海	Shanghai		63			
江 苏	Jiangsu	69.8	4003	1121.3	0.6	
浙 江	Zhejiang	6.3	4409	577.0		40
安 徽	Anhui	76.6	2977	601.6		
福 建	Fujian	34.8	3298	33.7		
江 西	Jiangxi	164.1	7780	213.2		
山 东	Shandong	53.8	3809	1420.0	11.9	1402
河 南	Henan	293.9	4919	536.0	0.1	
湖 北	Hubei	259.3	8880	315.1		
湖 南	Hunan	172.3	20211	218.5	0.5	
广 东	Guangdong	9.6	4213	184.5	0.1	98
广 西	Guangxi	390.0	1739	153.5		
海 南	Hainan	34.5	1896	389.2		
重 庆	Chongqing	139.7	5495	65.8		
四 川	Sichuan	533.1	7044	218.9	0.6	1773
贵 州	Guizhou	133.5	1897	90.9		
云 南	Yunnan	202.5	1743	527.7		
西 藏	Tibet	0.1	14	150.1		202150
陕 西	Shaanxi	77.1	3435	219.4	0.1	151942
甘 肃	Gansu	117.9	454	171.5	387.3	870456
青 海	Qinghai	18.4	233	14.9	505.2	258259
宁 夏	Ningxia	23.0	128	144.5	5.1	143225
新 疆	Xinjiang	4.5	268	2.8		766

资料来源：农业农村部。
Source: Ministry of Agriculture and Rural Affairs.

11-3 各地区耕地灌溉面积和农用化肥施用情况(2020年)
Irrigated Area of Cultivated Land and Consumption of Chemical Fertilizers by Region (2020)

地区	Region	耕地灌溉面积(千公顷) Irrigated Area of Cultivated Land (1 000 hectares)	农用化肥施用量(万吨) Consumption of Chemical Fertilizers (10 000 tons)	氮肥 Nitrogenous Fertilizer	磷肥 Phosphate Fertilizer	钾肥 Potash Fertilizer	复合肥 Compound Fertilizer
全国	**National Total**	**69160.5**	**5250.7**	**1833.9**	**653.8**	**541.9**	**2221.0**
北京	Beijing	109.4	6.1	2.2	0.3	0.3	3.2
天津	Tianjin	299.1	15.3	4.9	1.9	1.2	7.3
河北	Hebei	4470.0	285.7	100.6	22.3	21.0	141.8
山西	Shanxi	1517.4	107.4	20.9	9.4	8.2	68.9
内蒙古	Inner Mongolia	3199.1	207.7	77.1	36.0	17.1	77.4
辽宁	Liaoning	1632.5	137.6	47.2	9.2	10.8	70.4
吉林	Jilin	1905.4	225.3	50.2	5.7	12.6	156.8
黑龙江	Heilongjiang	6171.6	224.2	71.9	45.0	30.9	76.4
上海	Shanghai	165.0	6.9	2.8	0.4	0.2	3.6
江苏	Jiangsu	4224.7	280.8	137.1	31.1	16.4	96.1
浙江	Zhejiang	1415.7	69.6	29.5	6.5	5.2	28.5
安徽	Anhui	4608.8	289.9	83.5	24.9	25.4	156.1
福建	Fujian	1110.4	100.8	36.8	14.1	19.7	30.2
江西	Jiangxi	2038.5	108.8	28.8	15.0	15.3	49.8
山东	Shandong	5293.6	380.9	113.9	36.4	31.9	198.7
河南	Henan	5463.1	648.0	182.2	85.5	52.2	328.0
湖北	Hubei	3086.0	267.3	101.4	41.7	26.1	98.2
湖南	Hunan	3192.9	223.7	79.9	22.3	37.2	84.3
广东	Guangdong	1776.5	219.8	84.1	25.8	41.7	68.2
广西	Guangxi	1731.0	247.9	71.2	28.6	54.4	93.7
海南	Hainan	292.2	42.6	11.7	2.8	7.7	20.4
重庆	Chongqing	698.3	89.8	43.1	15.7	5.2	25.8
四川	Sichuan	2992.2	210.8	90.7	38.0	15.1	67.0
贵州	Guizhou	1165.5	78.8	32.5	9.0	7.3	30.0
云南	Yunnan	1978.1	196.7	94.4	27.0	22.7	52.5
西藏	Tibet	282.8	4.4	1.3	0.6	0.3	2.2
陕西	Shaanxi	1336.8	201.9	79.8	17.4	23.0	81.8
甘肃	Gansu	1338.6	80.4	30.9	14.9	7.8	26.7
青海	Qinghai	219.2	5.5	2.1	0.6	0.2	2.6
宁夏	Ningxia	552.5	38.1	15.8	3.9	2.7	15.7
新疆	Xinjiang	4893.4	248.2	105.2	62.0	22.3	58.8

资料来源：国家统计局(下表同)。
Source: National Bureau of Statistics (the same as in the following table).

11-4 各地区农用塑料薄膜和农药使用量情况(2020年)
Use of Agricultural Plastic Film and Pesticide by Region (2020)

地 区	Region	农用塑料薄膜使用量(吨) Use of Agricultural Plastic Film (ton)	地膜使用量(吨) Use of Plastic Film for Covering Plants (ton)	地膜覆盖面积(公顷) Area Covered by Plastic Film (hectare)	农药使用量(吨) Use of Pesticide (ton)
全 国	**National Total**	**2388647**	**1357008**	**17386802**	**1313303**
北 京	Beijing	7562	1667	9153	2149
天 津	Tianjin	7521	2742	37844	1997
河 北	Hebei	103742	49718	767562	54289
山 西	Shanxi	48592	31238	600474	24866
内蒙古	Inner Mongolia	95297	83349	1429474	23426
辽 宁	Liaoning	114381	38776	307070	44722
吉 林	Jilin	51364	26625	166545	46930
黑龙江	Heilongjiang	70501	24086	232957	60749
上 海	Shanghai	12864	3163	12229	2644
江 苏	Jiangsu	111776	40934	564985	65703
浙 江	Zhejiang	66892	24692	142500	36561
安 徽	Anhui	103299	42503	467181	83294
福 建	Fujian	51824	25530	126776	43163
江 西	Jiangxi	52296	31609	127846	52708
山 东	Shandong	265659	99355	1714654	114311
河 南	Henan	151717	66717	927563	102400
湖 北	Hubei	58039	21005	380890	93143
湖 南	Hunan	83005	54858	630059	101450
广 东	Guangdong	42558	23575	135710	83217
广 西	Guangxi	48712	34678	432939	66026
海 南	Hainan	30580	16815	57782	19747
重 庆	Chongqing	41694	22607	235280	16205
四 川	Sichuan	118818	79226	904916	42130
贵 州	Guizhou	45411	23529	371481	8423
云 南	Yunnan	121558	94184	1034888	44846
西 藏	Tibet	1866	1528	4634	714
陕 西	Shaanxi	44724	21656	422671	11951
甘 肃	Gansu	152956	112954	1315013	40312
青 海	Qinghai	7378	5930	71837	1233
宁 夏	Ningxia	16388	13272	200463	2174
新 疆	Xinjiang	259674	238485	3553423	21823

附录一、资源环境主要统计指标

APPENDIX Ⅰ. Main Indicators of Resource & Environment Statistics

附录1　资源环境主要统计指标
Main Indicators of Resources & Environment Statistics

指　　标		Indicator		2018	2019	2020
1.土地资源		**Land Resource**				
耕地面积	(万公顷)	Cultivated Land	(10 000 hectares)		12786.2	
人均耕地面积	(亩)	Cultivated Land per Capita	(mu)		1.36	
2.水资源		**Water Resource**				
水资源总量	(亿立方米)	Water Resources	(100 million cu.m)	27462.5	29041.0	31605.2
人均水资源量	(立方米/人)	Per Capita Water Resources	(cu.m/person)	1957.7	2062.9	2239.8
用水总量	(亿立方米)	Water Use	(100 million cu.m)	6015.5	6021.2	5812.9
#工业用水量		Industry		1261.6	1217.6	1030.4
人均用水量	(立方米/人)	Per Capita Water Use	(cu.m/person)	428.8	427.7	411.9
3.森林资源		**Forest Resource**				
森林面积	(万公顷)	Forest Area	(10 000 hectares)	22044.6	22044.6	22044.6
森林覆盖率	(%)	Forest Coverage Rate	(%)	22.96	22.96	22.96
活立木总蓄积量	(亿立方米)	Total Stock Volume of Living Trees	(100 million cu.m)	190.1	190.1	190.1
森林蓄积量	(亿立方米)	Stock Volume of Forest	(100 million cu.m)	175.6	175.6	175.6
4.能源		**Energy**				
一次能源生产总量	(万吨标准煤)	Total Primary Energy Production	(10 000 tce)	378859	397317	
人均能源生产量	(千克标准煤/人)	Per Capita Energy Production	(kgce/person)	2720	2843	
能源消费总量	(万吨标准煤)	Total Energy Consumption	(10 000 tce)	471925	487488	
人均能源消费量	(千克标准煤/人)	Per Capita Energy Consumption	(kgce/person)	3388	3488	
能源生产弹性系数		Elasticity Ratio of Energy Production		0.84	0.82	
能源消费弹性系数		Elasticity Ratio of Energy Consumption		0.52	0.55	
电力生产弹性系数		Elasticity Ratio of Electricity Production		1.27	0.78	
电力消费弹性系数		Elasticity Ratio of Electricity Consumption		1.27	0.78	
万元国内生产总值能源消费量	(吨标准煤/万元)	Energy Intensity by GDP	(tce/10 000 yuan)	0.56	0.55	
5.污染物排放		**Pollutant Discharge**				
化学需氧量排放量	(万吨)	COD Discharge	(10 000 tons)	584.2	567.1	2564.8
氨氮排放量	(万吨)	Ammonia Nitrogen Discharge	(10 000 tons)	49.4	46.3	98.4
二氧化硫排放量	(万吨)	Sulphur Dioxide Emission	(10 000 tons)	516.1	457.3	318.2
氮氧化物排放量	(万吨)	Nitrogen Oxides Emission	(10 000 tons)	1288.4	1233.9	1019.7
一般工业固体废物综合利用量	(万吨)	Common Industry Solid Wastes Utilized	(10 000 tons)	216859.7	232078.8	203797.6
城市生活垃圾清运量	(万吨)	Volume of Domestic Garbage Collected and Transported	(10 000 tons)	22802	24206	23512

注：1.森林资源相关数据为第九次全国森林资源清查(2014–2018)数据。
2.2020年生态环境部对排放源统计调查的部分调查范围、指标及方式方法进行了修订，废水污染物排放总量与之前年份不可比。

Notes: a) Data of forest resource are the figures of the Ninth National Forestry Survey (2014-2018).
b) In 2020, the scope, indicators and method of the survey of emission sources were revised by the Ministry of Ecology and Environment. The data of pollutants discharged in waste water are not comparable to the data of previous years.

附录二、东中西部地区
主要环境指标

APPENDIX II .
Main Environmental Indicators
by Eastern, Central & Western

附录2-1 东中西部地区水资源情况(2020年)
Water Resources by Eastern,Central & Western (2020)

单位：亿立方米 (100 million cu.m)

区域 Area	地区 Region		水资源总量 Total Amount of Water Resources	地表水 Surface Water Resources	地下水 Ground Water Resources	地表水与地下水重复量 Duplicated Amount of Surface Water and Groundwater	人均水资源量(立方米/人) per Capita Water Resources (cu.m/person)
	全国	**National Total**	**31605.2**	**30407.0**	**8553.5**	**7355.3**	**2239.8**
	东部小计	**Eastern Total**	**4839.2**	**4513.5**	**1451.2**	**1125.5**	**860.2**
东部 Eastern	北京	Beijing	25.8	8.2	22.3	4.7	117.8
	天津	Tianjin	13.3	8.6	5.8	1.1	96.0
	河北	Hebei	146.3	55.7	130.3	39.7	196.2
	上海	Shanghai	58.6	49.9	11.6	2.9	235.9
	江苏	Jiangsu	543.4	486.6	137.8	81.0	641.3
	浙江	Zhejiang	1026.6	1008.8	224.4	206.6	1598.7
	福建	Fujian	760.3	759.0	243.5	242.2	1832.5
	山东	Shandong	375.3	259.8	201.8	86.3	370.3
	广东	Guangdong	1626.0	1616.3	399.1	389.4	1294.9
	海南	Hainan	263.6	260.6	74.6	71.6	2626.8
	中部小计	**Central Total**	**7363.4**	**7073.6**	**1734.0**	**1444.2**	**2016.9**
中部 Central	山西	Shanxi	115.2	72.2	85.9	42.9	329.8
	安徽	Anhui	1280.4	1193.7	228.6	141.9	2099.5
	江西	Jiangxi	1685.6	1666.7	386.0	367.1	3731.3
	河南	Heinan	408.6	294.8	185.8	72.0	411.9
	湖北	Hubei	1754.7	1735.0	381.6	361.9	3006.7
	湖南	Hunan	2118.9	2111.2	466.1	458.4	3189.9
	西部小计	**Western Total**	**16999.5**	**16735.8**	**4677.1**	**4413.4**	**4445.1**
西部 Western	内蒙古	Inner Mongolia	503.9	354.2	243.9	94.2	2091.7
	广西	Guangxi	2114.8	2113.7	445.4	444.3	4229.2
	重庆	Chongqing	766.9	766.9	128.7	128.7	2397.7
	四川	Sichuan	3237.3	3236.2	649.1	648.0	3871.9
	贵州	Guizhou	1328.6	1328.6	281.0	281.0	3448.2
	云南	Yunnan	1799.2	1799.2	619.8	619.8	3813.5
	西藏	Tibet	4597.3	4597.3	1045.7	1045.7	126473.2
	陕西	Shaanxi	419.6	385.6	146.7	112.7	1062.4
	甘肃	Gansu	408.0	396.0	158.2	146.2	1628.7
	青海	Qinghai	1011.9	989.5	437.3	414.9	17107.4
	宁夏	Ningxia	11.0	9.0	17.8	15.8	153.0
	新疆	Xinjiang	801.0	759.6	503.5	462.1	3111.3
	东北小计	**Northeast Total**	**2403.2**	**2084.0**	**691.1**	**371.9**	**2426.9**
东北 Northeast	辽宁	Liaoning	397.1	357.7	115.2	75.8	930.8
	吉林	Jilin	586.2	504.8	169.4	88.0	2418.8
	黑龙江	Heilongjiang	1419.9	1221.5	406.5	208.1	4419.2

资料来源：水利部。
Source:Ministry of Water Resource.

附录2-2 东中西部地区废水排放情况(2020年)
Discharge of Waste Water by Eastern, Central & Western (2020)

单位：吨 (ton)

区 域 Area	地 区 Region	化学需氧量排放总量 COD Discharged	工业 Industry	农业 Agriculture	生活 Domestic	集中式污染治理设施 Centralized Pollution Control Facilities
	全 国 National Total	**25647561**	**497323**	**15932272**	**9188875**	**29091**
	东部小计 Eastern Total	**7240705**	**254059**	**3677898**	**3293151**	**15597**
东 部 Eastern	北 京 Beijing	53585	1413	11394	40464	314
	天 津 Tianjin	156342	2821	119889	33600	32
	河 北 Hebei	1274153	26174	887857	359981	141
	上 海 Shanghai	72871	8603	7901	56113	253
	江 苏 Jiangsu	1207812	59346	695806	452369	291
	浙 江 Zhejiang	532215	44399	80141	407413	261
	福 建 Fujian	623004	19582	170057	433279	85
	山 东 Shandong	1534845	46419	965840	522414	172
	广 东 Guangdong	1613096	40882	654147	904055	14011
	海 南 Hainan	172783	4420	84865	83462	36
	中部小计 Central Total	**7272972**	**94805**	**4606072**	**2569437**	**2658**
中 部 Central	山 西 Shanxi	619816	4803	426954	187992	67
	安 徽 Anhui	1186012	16351	675496	493554	611
	江 西 Jiangxi	1014801	20748	626227	367168	658
	河 南 Heinan	1445682	16009	850773	578637	263
	湖 北 Hubei	1530276	22329	1066904	440877	165
	湖 南 Hunan	1476385	14565	959718	501208	894
	西部小计 Western Total	**7832173**	**104612**	**4879195**	**2839361**	**9004**
西 部 Western	内蒙古 Inner Mongolia	708758	8761	596824	103089	85
	广 西 Guangxi	1030352	15679	431363	576537	6774
	重 庆 Chongqing	320570	9318	178797	132399	56
	四 川 Sichuan	1304632	25706	490747	787939	240
	贵 州 Guizhou	1167843	4704	918628	244176	335
	云 南 Yunnan	685962	10578	403469	271338	577
	西 藏 Tibet	530510	180	496470	33684	176
	陕 西 Shaanxi	488770	9461	204190	274908	212
	甘 肃 Gansu	595372	4480	490602	99960	329
	青 海 Qinghai	85742	1622	21636	62338	145
	宁 夏 Ningxia	220305	3140	176935	40198	33
	新 疆 Xinjiang	693355	10982	469535	212796	42
	东北小计 Northeast Total	**3301712**	**43847**	**2769107**	**486926**	**1832**
东 北 Northeast	辽 宁 Liaoning	1247543	13189	1068567	165660	127
	吉 林 Jilin	562509	9396	411611	141400	102
	黑龙江 Heilongjiang	1491660	21262	1288929	179866	1602

资料来源：生态环境部(以下各表同)。
Source:Ministry of Ecology and Environment (the same as in the following tables).

附录2-2 续表 continued

单位：吨 (ton)

区域 Area	地区 Region		氨氮排放总量 Ammona Nitrogen Discharged	工业 Industry	农业 Agriculture	生活 Domestic	集中式污染治理设施 Centralized Pollution Control Facilities
	全国	**National Total**	**984018**	**21216**	**253780**	**706572**	**2450**
	东部小计	**Eastern Total**	**334149**	**8876**	**77461**	**246892**	**920**
	北京	Beijing	2839	34	162	2606	36
	天津	Tianjin	2565	96	1163	1302	4
	河北	Hebei	32243	838	14386	16997	23
	上海	Shanghai	2983	206	273	2496	9
东部	江苏	Jiangsu	51925	2521	14878	34506	20
Eastern	浙江	Zhejiang	38398	924	5709	31753	12
	福建	Fujian	45543	764	11036	33730	13
	山东	Shandong	53121	1883	13840	37384	14
	广东	Guangdong	96399	1500	14380	79737	783
	海南	Hainan	8134	111	1636	6381	6
	中部小计	**Central Total**	**282669**	**5354**	**87897**	**188871**	**547**
	山西	Shanxi	16425	187	4845	11386	6
	安徽	Anhui	44315	949	14110	29130	126
中部	江西	Jiangxi	45913	1644	13722	30392	154
Central	河南	Heinan	46344	790	11012	34494	48
	湖北	Hubei	58244	1140	22004	35074	25
	湖南	Hunan	71429	643	22204	48394	188
	西部小计	**Western Total**	**314891**	**5066**	**62167**	**246867**	**790**
	内蒙古	Inner Mongolia	13901	454	8047	5387	13
	广西	Guangxi	72528	537	13955	57653	383
	重庆	Chongqing	20101	358	3334	16402	7
	四川	Sichuan	80166	1274	7838	71006	49
	贵州	Guizhou	28888	651	6623	21538	76
西部	云南	Yunnan	27884	409	6836	20521	118
Western	西藏	Tibet	5063	12	2145	2875	31
	陕西	Shaanxi	25258	328	2641	22249	39
	甘肃	Gansu	6540	211	2931	3351	47
	青海	Qinghai	5389	114	389	4869	17
	宁夏	Ningxia	3387	119	921	2342	5
	新疆	Xinjiang	25786	599	6508	18676	4
	东北小计	**Northeast Total**	**52309**	**1920**	**26255**	**23942**	**192**
东北	辽宁	Liaoning	18532	532	9095	8880	26
Northeast	吉林	Jilin	9612	367	4082	5149	15
	黑龙江	Heilongjiang	24165	1022	13077	9913	152

附录2-3 东中西部地区废气排放情况(2020年)

Emission of Waste Gas by Eastern,Central & Western (2020)

单位：吨 (ton)

区域 Area	地区 Region		二氧化硫排放总量 Total Volume of Sulphur Dioxide Emission	工业 Industry	生活及其他 Domestic and Other	集中式污染治理设施 Centralized Pollution Control Facilities
	全国	National Total	**3182201**	**2531511**	**648061**	**2629**
	东部小计	Eastern Total	**738094**	**617896**	**118962**	**1236**
东部 Eastern	北京	Beijing	1764	988	761	15
	天津	Tianjin	10196	9756	417	23
	河北	Hebei	161749	122789	38783	178
	上海	Shanghai	5441	5200	232	9
	江苏	Jiangsu	112632	108322	4060	250
	浙江	Zhejiang	51476	49495	1934	46
	福建	Fujian	78817	61330	17379	108
	山东	Shandong	193272	152865	40315	93
	广东	Guangdong	116855	101296	15080	479
	海南	Hainan	5890	5854	0	36
	中部小计	Central Total	**638019**	**489912**	**147647**	**460**
中部 Central	山西	Shanxi	160549	122494	38028	28
	安徽	Anhui	108565	104672	3820	73
	江西	Jiangxi	102536	86395	16117	24
	河南	Heinan	66754	56958	9636	160
	湖北	Hubei	97221	55105	42077	39
	湖南	Hunan	102393	64288	37969	137
	西部小计	Western Total	**1388109**	**1135891**	**251582**	**636**
西部 Western	内蒙古	Inner Mongolia	273946	223916	50008	22
	广西	Guangxi	87843	82609	4954	281
	重庆	Chongqing	67543	46992	20527	24
	四川	Sichuan	163146	125027	38073	46
	贵州	Guizhou	177401	143584	33681	137
	云南	Yunnan	176603	146194	30379	30
	西藏	Tibet	5668	5162	505	0
	陕西	Shaanxi	93686	63981	29630	74
	甘肃	Gansu	85763	66045	19717	1
	青海	Qinghai	40104	38683	1422	0
	宁夏	Ningxia	71577	67861	3716	1
	新疆	Xinjiang	144828	125838	18971	18
	东北小计	Northeast Total	**417980**	**287812**	**129870**	**298**
东北 Northeast	辽宁	Liaoning	206384	144429	61778	177
	吉林	Jilin	68397	53072	15216	109
	黑龙江	Heilongjiang	143198	90311	52876	12

附录2-3 续表 1 continued 1

单位：吨 (ton)

区 域 Area	地 区 Region	氮氧化物排放总量 Nitrogen Oxides Emission	工业 Industry	生活及其他 Domestic and Other	机动车 Motor Vehicle	集中式污染治理设施 Centralized Pollution Control Facilities
	全 国 National Total	**10196558**	**4174959**	**333806**	**5669200**	**18592**
	东部小计 Eastern Total	**3536797**	**1338692**	**92431**	**2097572**	**8104**
	北 京 Beijing	86652	9751	8613	68157	131
	天 津 Tianjin	116980	29167	3458	84270	84
	河 北 Zhejiang	769716	301107	30859	437015	734
	上 海 Shanghai	159828	23396	4211	131869	351
东 部	江 苏 Jiangsu	484985	190524	8625	283957	1880
Eastern	浙 江 Zhejiang	387284	116349	2516	268153	266
	福 建 Fujian	258222	142732	5128	109776	587
	山 东 Shandong	624689	287363	18236	318756	334
	广 东 Guangdong	607772	220316	10375	373555	3526
	海 南 Hainan	40669	17986	410	22063	210
	中部小计 Central Total	**2627703**	**950027**	**59951**	**1614347**	**3378**
	山 西 Shanxi	563417	320324	14690	228058	344
	安 徽 Anhui	464261	171823	7915	284049	474
中 部	江 西 Jiangxi	283272	145112	5476	132593	91
Central	河 南 Heinan	545489	103426	6458	434362	1244
	湖 北 Hubei	497998	103275	12709	381862	153
	湖 南 Hunan	273264	106066	12703	153424	1072
	西部小计 Western Total	**2953781**	**1456013**	**122277**	**1370083**	**5408**
	内蒙古 Inner Mongolia	475645	295982	30328	149064	271
	广 西 Guangxi	293400	157881	1854	130726	2938
	重 庆 Chongqing	167037	71189	7328	88484	36
	四 川 Sichuan	404504	163022	20048	221240	194
	贵 州 Guizhou	274918	134167	4656	134759	1336
西 部	云 南 Yunnan	344393	161985	7140	175174	93
Western	西 藏 Tibet	53902	5825	142	47935	0
	陕 西 Shaanxi	266160	128902	14940	121911	407
	甘 肃 Gansu	196416	82457	10676	103262	21
	青 海 Qinghai	70971	27101	4411	39460	0
	宁 夏 Ningxia	120550	77974	2839	39729	8
	新 疆 Xinjiang	285885	149528	17915	118341	101
	东北小计 Northeast Total	**1078277**	**430228**	**59148**	**587199**	**1703**
东 北	辽 宁 Liaoning	579594	228642	20845	329156	950
Northeast	吉 林 Jilin	201052	95483	8083	96969	517
	黑龙江 Heilongjiang	297631	106103	30219	161074	236

附录2-3 续表 2 continued 2

单位：吨 (ton)

区 域 Area	地 区	Region	颗粒物排放总量 Particulate Matter Emission	工业 Industry	生活及其他 Domestic and Other	机动车 Motor Vehicle	集中式污染治理设施 Centralized Pollution Control Facilities
	全 国	**National Total**	**6113961**	**4009413**	**2016198**	**85240**	**3110**
	东部小计	**Eastern Total**	**1193629**	**750704**	**414181**	**28118**	**626**
东 部 Eastern	北 京	Beijing	9353	4376	4538	435	3
	天 津	Tianjin	15560	10053	4428	1069	10
	河 北	Zhejiang	370746	168176	194765	7670	135
	上 海	Shanghai	10494	7899	1298	1291	6
	江 苏	Jiangsu	160142	139806	16856	3347	133
	浙 江	Zhejiang	86024	77037	5699	3266	22
	福 建	Fujian	130748	94417	34877	1375	79
	山 东	Shandong	244161	131517	108087	4526	32
	广 东	Guangdong	156546	108214	43595	4566	169
	海 南	Hainan	9857	9209	38	572	38
	中部小计	**Central Total**	**1215794**	**823584**	**363911**	**28206**	**93**
中 部 Central	山 西	Shanxi	451264	352985	95453	2822	4
	安 徽	Anhui	129928	88321	38523	3063	21
	江 西	Jiangxi	145215	110865	32410	1927	13
	河 南	Heinan	85765	60791	17932	7006	36
	湖 北	Hubei	189071	93337	84467	11254	13
	湖 南	Hunan	214551	117285	95127	2134	5
	西部小计	**Western Total**	**2783060**	**2004609**	**757842**	**18296**	**2313**
西 部 Western	内 蒙 古	Inner Mongolia	714207	461970	250292	1940	6
	广 西	Guangxi	109964	96036	9977	1763	2189
	重 庆	Chongqing	84710	59050	24575	1080	4
	四 川	Sichuan	223995	161161	59812	3000	23
	贵 州	Guizhou	182107	142375	37472	2221	38
	云 南	Yunnan	295714	243009	50775	1912	18
	西 藏	Tibet	10185	8753	783	649	0
	陕 西	Shaanxi	284260	196601	85166	2483	9
	甘 肃	Gansu	149039	68633	79047	1357	1
	青 海	Qinghai	76317	61577	14464	276	0
	宁 夏	Ningxia	102149	83154	18649	346	0
	新 疆	Xinjiang	550414	422290	126830	1270	25
	东北小计	**Northeast Total**	**921478**	**430516**	**480264**	**10620**	**78**
东 北 Northeast	辽 宁	Liaoning	289073	128321	154795	5920	37
	吉 林	Jilin	245217	182965	60989	1239	24
	黑 龙 江	Heilongjiang	387189	119230	264480	3461	18

附录2-4　东中西部地区固体废物产生和利用情况(2020年)
Generation and Utilization of Solid Wastes by Eastern,Central & Western (2020)

单位：万吨　　(10 000 tons)

区　域 Area	地　区 Region	一般工业固体废物产生量 Common Industrial Solid Wastes Generated	一般工业固体废物综合利用量 Common Industrial Solid Wastes Utilized	一般工业固体废物处置量 Common Industrial Solid Wastes Disposed	危险废物产生量 Hazardous Wastes Generated	危险废物利用处置量 Hazardous Wastes Utilized and Disposed
	全　国 National Total	**367546**	**203798**	**91749**	**7282**	**7630**
	东部小计 Eastern Total	**93194**	**67662**	**17579**	**3045**	**3147**
	北　京 Beijing	415	193	223	25	25
	天　津 Tianjin	1739	1731	6	64	64
	河　北 Hebei	34081	18880	11399	357	352
	上　海 Shanghai	1809	1702	111	132	133
东　部	江　苏 Jiangsu	11870	10866	970	522	524
Eastern	浙　江 Zhejiang	4591	4546	56	445	462
	福　建 Fujian	6043	4016	2044	139	139
	山　东 Shandong	24989	19612	1587	933	1004
	广　东 Guangdong	6944	5631	956	418	434
	海　南 Hainan	714	484	228	10	10
	中部小计 Central Total	**97433**	**55589**	**26827**	**1083**	**1106**
	山　西 Shanxi	42635	17150	19546	214	212
	安　徽 Anhui	14012	12026	1813	168	167
中　部	江　西 Jiangxi	12083	5498	816	148	150
Central	河　南 Heinan	15355	11468	2099	212	227
	湖　北 Hubei	8987	6178	2016	122	122
	湖　南 Hunan	4360	3270	538	219	228
	西部小计 Western Total	**139948**	**63495**	**36560**	**2701**	**2954**
	内蒙古 Inner Mongolia	35117	12377	13711	541	477
	广　西 Guangxi	9030	4389	1396	252	270
	重　庆 Chongqing	2272	1909	445	84	88
	四　川 Sichuan	14903	5656	2562	457	457
	贵　州 Guizhou	9516	6610	1494	57	57
西　部	云　南 Yunnan	17473	9060	4621	290	888
Western	西　藏 Tibet	1940	185	1	0	0
	陕　西 Shaanxi	12430	6443	4903	161	166
	甘　肃 Gansu	5450	2804	1728	158	129
	青　海 Qinghai	15724	6892	203	320	82
	宁　夏 Ningxia	6738	3117	3336	98	101
	新　疆 Xinjiang	9354	4053	2161	284	238
	东北小计 Northeast Total	**36971**	**17051**	**10782**	**453**	**424**
东　北	辽　宁 Liaoning	25526	11478	7942	138	130
Northeast	吉　林 Jilin	4676	2407	1512	197	167
	黑龙江 Heilongjiang	6769	3166	1328	119	127

附录2-5 东中西部地区城镇环境基础设施建设投资情况(2020年)

Investment in Urban Environmental Infrastructure by Eastern,Central & Western (2020)

单位：万元 (10 000 yuan)

区 域 Area	地 区 Region	投资总额 Total Investment	燃气 Gas Supply	集中供热 Central Heating	排水 Sewerage Projects	园林绿化 Gardening & Greening	市容环境卫生 Sanitation
	全 国 National Total	**68421571**	**3182971**	**5236106**	**26756904**	**21945294**	**11300296**
	东部小计 Eastern Total	**31060690**	**1508613**	**1861671**	**12227325**	**9691429**	**5771652**
东 部 Eastern	北 京 Beijing	3141447	95627	239518	492303	2108501	205498
	天 津 Tianjin	745914	7360	30822	259944	110128	337660
	河 北 Hebei	4306913	171868	582890	1378098	1149465	1024592
	上 海 Shanghai	975919	110168		656790	135580	73381
	江 苏 Jiangsu	5157729	314726	6410	1560533	2206454	1069605
	浙 江 Zhejiang	3815339	138443		1175291	1656014	845590
	福 建 Fujian	2605803	160542		1374185	576936	494140
	山 东 Shandong	5340730	220883	1002031	2025684	1466444	625689
	广 东 Guangdong	4794626	278194		3233846	253314	1029271
	海 南 Hainan	176270	10802		70651	28592	66225
	中部小计 Central Total	**17195405**	**901766**	**1224793**	**6622767**	**5861310**	**2584770**
中 部 Central	山 西 Shanxi	1717209	60124	723389	303948	528628	101120
	安 徽 Anhui	3225073	235337	37684	1544562	892032	515458
	江 西 Jiangxi	2938128	139082		1260376	871497	667173
	河 南 Heinan	5347885	176595	439721	1216631	2714921	800017
	湖 北 Hubei	2096384	97971	22699	1388817	461511	125385
	湖 南 Hunan	1870727	192656	1300	908433	392721	375617
	西部小计 Western Total	**17627330**	**568898**	**1609226**	**6627509**	**6196210**	**2625487**
西 部 Western	内 蒙 古 Inner Mongolia	1221630	4511	521426	379615	214177	101902
	广 西 Guangxi	3396979	113572		1071503	1949115	262789
	重 庆 Chongqing	2087095	52821		696313	955747	382214
	四 川 Sichuan	3831704	87600	23095	1758811	1265019	697179
	贵 州 Guizhou	802941	40438	3000	377848	159535	222119
	云 南 Yunnan	1113766	58790		472218	384345	198414
	西 藏 Tibet	31203			14975	10050	6178
	陕 西 Shaanxi	2173966	80296	303862	642737	778113	368958
	甘 肃 Gansu	906181	29303	183546	475486	161550	56298
	青 海 Qinghai	107509	6671	10964	33949	32578	23347
	宁 夏 Ningxia	473767	30452	223942	154702	54876	9796
	新 疆 Xinjiang	1480588	64444	339391	549353	231107	296293
	东北小计 Northeast Total	**2538146**	**203693**	**540417**	**1279303**	**196345**	**318387**
东 北 Northeast	辽 宁 Liaoning	1002466	91938	201576	540001	76458	92493
	吉 林 Jilin	587616	68276	70590	317265	67573	63912
	黑 龙 江 Heilongjiang	948064	43479	268252	422037	52313	161983

资料来源：生态环境部、住房和城乡建设部。
Source: Ministry of Ecology and Environment, Ministry of Housing and Urban-Rural Development.

附录2-6　东中西部地区城市环境情况(2020年)
Urban Environment by Eastern,Central & Western (2020)

区　域 Area	地　区 Region	城市污水排放量(万立方米) Waste Water Discharged (10 000 cu.m)	城市污水处理率(%) Waste Water Treatment Rate (%)	城市燃气普及率(%) Gas Coverage Rate (%)	生活垃圾无害化处理率(%) Rate of Domestic Garbage Harmless Treatment (%)
	全　国 National Total	**5713633**	**97.5**	**97.9**	**99.7**
	东部小计 Eastern Total	**2871512**	**97.4**	**99.6**	**100.0**
	北　京 Beijing	191278	96.6	100.0	100.0
	天　津 Tianjin	112734	96.4	100.0	100.0
	河　北 Hebei	174010	98.5	99.7	100.0
	上　海 Shanghai	221504	96.7	100.0	100.0
东　部 Eastern	江　苏 Jiangsu	479860	96.8	99.9	100.0
	浙　江 Zhejiang	338632	97.7	100.0	100.0
	福　建 Fujian	143773	97.2	99.2	100.0
	山　东 Shandong	341815	98.3	99.3	100.0
	广　东 Guangdong	830750	97.7	99.0	99.9
	海　南 Hainan	37156	98.7	98.9	100.0
	中部小计 Central Total	**1141174**	**97.7**	**97.9**	**100.0**
	山　西 Shanxi	96131	99.6	98.7	100.0
	安　徽 Anhui	208669	97.4	99.2	100.0
中　部 Central	江　西 Jiangxi	110960	97.5	97.6	100.0
	河　南 Heinan	194771	98.3	96.8	99.9
	湖　北 Hubei	287470	97.0	98.4	100.0
	湖　南 Hunan	243174	97.8	97.3	100.0
	西部小计 Western Total	**1133603**	**97.6**	**95.3**	**99.0**
	内蒙古 Inner Mongolia	66193	97.8	97.3	99.9
	广　西 Guangxi	153058	99.0	99.4	100.0
	重　庆 Chongqing	142252	98.2	96.2	93.8
	四　川 Sichuan	257678	96.9	97.4	100.0
	贵　州 Guizhou	93831	97.4	94.6	97.8
西　部 Western	云　南 Yunnan	109046	97.6	78.7	100.0
	西　藏 Tibet	10037	96.3	63.2	99.6
	陕　西 Shaanxi	131968	96.8	98.6	99.9
	甘　肃 Gansu	48396	97.2	94.8	100.0
	青　海 Qinghai	18465	95.3	93.8	99.3
	宁　夏 Ningxia	28138	96.7	97.5	100.0
	新　疆 Xinjiang	74541	98.3	98.4	99.1
	东北小计 Northeast Total	**567345**	**97.6**	**95.0**	**99.7**
东　北 Northeast	辽　宁 Liaoning	313244	98.2	98.7	99.5
	吉　林 Jilin	130519	97.7	92.9	100.0
	黑龙江 Heilongjiang	123582	96.0	90.8	99.9

资料来源：住房和城乡建设部。
Source:Ministry of Housing and Urban-Rural Derelopment.

附录三、世界主要国家和地区环境统计指标

APPENDIX III. Main Environmental Indicators of the World's Major Countries and Regions

附录3-1 水资源

国家或地区	Country or Area	最近年份 latest year available	降水量 （百万立方米） Precipitation (mio m^3)
阿尔巴尼亚	Albania	2017	32224
阿尔及利亚	Algeria	2017	330957
安道尔	Andorra	2015	475
安圭拉	Anguilla	2009	71
安提瓜和巴布达	Antigua and Barbuda	2015	161
亚美尼亚	Armenia	2017	14335
奥地利	Austria	2011	83256
阿塞拜疆	Azerbaijan	2017	34085
巴林	Bahrain	2016	48
孟加拉国	Bangladesh	2015	410245
巴巴多斯	Barbados	1996	656
白俄罗斯	Belarus	2009	167877
比利时	Belgium	2017	24867
伯利兹	Belize	2005	49017
贝宁	Benin	2017	6593
百慕大	Bermuda	2017	73
玻利维亚	Bolivia (Plurinational State of)	2017	0
波黑	Bosnia and Herzegovina	2017	51354
博茨瓦纳	Botswana	2013	415355
巴西	Brazil	2017	13870901
英属维尔京群岛	British Virgin Islands	2005	163
保加利亚	Bulgaria	2017	84411
布隆迪	Burundi	2005	
喀麦隆	Cameroon	2009	785944
中非共和国	Central African Republic	2007	900370
智利	Chile	1990	
中国香港	China, Hong Kong SAR	2015	2058
中国澳门	China, Macao SAR	2015	41
哥伦比亚	Colombia	2016	10
哥斯达黎加	Costa Rica	2017	157436
科特迪瓦	Côte d'Ivoire	1990	420000
克罗地亚	Croatia	2017	64839
古巴	Cuba	2017	163527
库拉索	Curaçao	2017	519
塞浦路斯	Cyprus	2017	1956
捷克	Czechia	2017	53397

资料来源：联合国统计司环境统计数据库。
Sources:UNSD Environment Statistics Data.

Water Resources

实际蒸发散量 （百万立方米） Actual Evapotranspiration (mio m^3)	径流量 （百万立方米） Internal Flow (mio m^3)	从邻国流入的地表和地下水径流量 （百万立方米） Inflow of Surface and Ground Waters from Neighbouring Countries (mio m^3)	可再生淡水资源量 （百万立方米） Renewable Fresh Water Resources (mio m^3)
13856	18368	14885	33253
224	251	25	276
10382	3953	710	4663
25473	8612	12139	20751
74095	336150	1145000	1481150
91697	76180	23100	99280
14181	10686	11589	22275
36045	12972		12972
4224	2369		
49	23		3
25247	26107	2000	28107
11719974			
70207	14204	67891	82095
			10061
	940250		
1039	1020		1020
	10		
47609	109827		109827
41879	22960	164933	187893
96617	66910	20	66930
			519
1760	196		196
39230	14167	339	14506

附录3-1 续表 1

国家或地区	Country or Area	最近年份 latest year available	降水量（百万立方米） Precipitation (mio m^3)
刚果	Democratic Republic of the Congo	2017	1110
丹麦	Denmark	2009	31588
多米尼加	Dominican Republic	2005	84177
厄瓜多尔	Ecuador	2009	329120
埃及	Egypt	2015	1300
萨尔瓦多	El Salvador	2017	36313
爱沙尼亚	Estonia	2017	31739
芬兰	Finland	2017	248210
法国	France	2017	452384
冈比亚	Gambia	2009	11373
格鲁吉亚	Georgia	2017	80069
德国	Germany	2015	249000
几内亚	Guinea	2017	2049
匈牙利	Hungary	2017	58218
冰岛	Iceland	2014	194159
印度	India	2013	4085000
印度尼西亚	Indonesia	2017	5344011
伊拉克	Iraq	2017	49482
爱尔兰	Ireland	2017	87221
牙买加	Jamaica	2017	23708
约旦	Jordan	2017	8165
哈萨克斯坦	Kazakhstan	2017	784772
科威特	Kuwait	2017	52
吉尔吉斯斯坦	Kyrgyzstan	2012	12506
拉脱维亚	Latvia	2017	49302
黎巴嫩	Lebanon	2009	8600
立陶宛	Lithuania	2017	57852
莱索托	Luxembourg	2011	1508
马达加斯加	Madagascar	2007	888191
马来西亚	Malaysia	2017	1002596
马尔代夫	Maldives	2012	502
马里	Mali	2017	403498
马耳他	Malta	2017	138
毛里求斯	Mauritius	2017	4041
摩纳哥	Monaco	2017	1
摩洛哥	Morocco	2012	91000
瑙鲁	Nauru	2015	89
尼泊尔	Nepal	2015	205611
荷兰	Netherlands	2017	35199

continued 1

实际蒸发散量（百万立方米） Actual Evapotranspiration (mio m³)	径流量（百万立方米） Internal Flow (mio m³)	从邻国流入的地表和地下水径流量（百万立方米） Inflow of Surface and Ground Waters from Neighbouring Countries (mio m³)	可再生淡水资源量（百万立方米） Renewable Fresh Water Resources (mio m³)
	1300	55500	56800
21427	14886	9791	24677
124282	123928	4811	128739
299398	152986	9526	162512
6566	4807	7388	12196
33815	46254		
177000	72000	60000	132000
52951	5267	95132	101293
18256	175903		175903
43973	5509	40690	46199
38377	48844	3364	52208
7636	529	125	654
704872	79900	59100	139000
7	45		45
			30674
27017	22285	23381	45666
4500	4100		4100
36034	21818	11960	33778
	1508		1508
551191	337000		337000
334865	68633	55074	13559
69	69		69
1212	2829		2829
79500	11500		
53	35		35
22753	12446		

附录3-1　续表 2

国家或地区	Country or Area	最近年份 latest year available	降水量（百万立方米） Precipitation (mio m^3)
尼日尔	Niger	2012	604486
北马其顿	North Macedonia	2015	17889
挪威	Norway	2017	394534
阿曼	Oman	2000	9481
巴拿马	Panama	2017	208954
巴拉圭	Paraguay	2017	697115
菲律宾	Philippines	2015	538835
波兰	Poland	2017	248836
葡萄牙	Portugal	2017	46770
卡塔尔	Qatar	2017	965
摩尔多瓦	Republic of Moldova	2017	19235
罗马尼亚	Romania	2017	157892
罗马尼亚	Russian Federation	2017	9977200
卢旺达	Rwanda	2012	32414
圣基茨和尼维斯	Saint Kitts and Nevis	2012	173
沙特阿拉伯	Saudi Arabia	2017	144000
塞内加尔	Senegal	2017	
塞尔维亚	Serbia	2015	51746
新加坡	Singapore	2015	1267
斯洛伐克	Slovakia	2017	40535
斯洛文尼亚	Slovenia	2017	31836
南非	South Africa	2000	548600
西班牙	Spain	2015	344073
斯里兰卡	Sri Lanka	2006	107600
苏丹	Sudan	2011	7087
瑞典	Sweden	2017	359510
瑞士	Switzerland	2015	60198
叙利亚	Syrian Arab Republic	2007	39131
泰国	Thailand	2014	
多哥	Togo	2012	
特立尼达和多巴哥	Trinidad and Tobago	2006	10883
突尼斯	Tunisia	2013	18360
土耳其	Turkey	2017	396842
乌克兰	Ukraine	2017	339
阿拉伯联合酋长国	United Arab Emirates	2017	3613
英国	United Kingdom	2012	
坦桑尼亚	United Republic of Tanzania	2016	817311
委内瑞拉	Venezuela (Bolivarian Republic of)	2009	936000
赞比亚	Zambia	2012	1034
津巴布韦	Zimbabwe	2017	372899

continued 2

实际蒸发散量（百万立方米） Actual Evapotranspiration (mio m^3)	径流量（百万立方米） Internal Flow (mio m^3)	从邻国流入的地表和地下水径流量（百万立方米） Inflow of Surface and Ground Waters from Neighbouring Countries (mio m^3)	可再生淡水资源量（百万立方米） Renewable Fresh Water Resources (mio m^3)
78218	130736	3612	134348
485512	211603		
194583	54254	6788	61041
51301	-4531	21652	17121
859	106	2	108
28500		11540	
128889	29003	225	29228
5508700	4468500	213000	4681500
			27300
46170	5576	154540	160116
22287	18248	61099	79347
13187	18649	12860	32183
	49040	5260	54300
181681	162392		162392
64812	42788		
163216	179741	15072	194812
20025	40173	11000	51173
33653	5478	9734	15212
			285227
			11500
6530	4353		4353
16539	1821		1821
139959			
851538	106774	444732	551506
44	990		
325945	46954	20779	67734

附录3-2　淡水资源(2017年)

国家或地区	Country or Area	淡水抽取量(亿立方米) Total Freshwater Withdrawals (100 million m^3)	人均可再生淡水资源(立方米) Renewable Internal Freshwater Resources per Capita (m^3)
阿富汗	Afghanistan	202.8	1299
阿尔巴尼亚	Albania	11.9	9362
阿尔及利亚	Algeria	98.0	272
美属萨摩亚	American Samoa		
安道尔	Andorra		4099
安哥拉	Angola	7.1	4964
安提瓜和巴布达	Antigua and Barbuda	0.0	545
阿根廷	Argentina	376.9	6630
亚美尼亚	Armenia	28.7	2329
荷兰	Aruba		
澳大利亚	Australia	159.5	19998
奥地利	Austria	34.9	6252
阿塞拜疆	Azerbaijan	127.8	824
巴哈马	Bahamas		1834
巴林	Bahrain	1.6	3
孟加拉国	Bangladesh	358.7	658
巴巴多斯	Barbados	0.7	279
白俄罗斯	Belarus	14.0	3580
比利时	Belgium	39.9	1055
伯利兹	Belize	1.0	40609
贝宁	Benin	1.3	922
百慕大	Bermuda		
不丹	Bhutan	3.4	104619
玻利维亚	Bolivia	20.9	27116
波黑	Bosnia and Herzegovina	4.0	10592
博茨瓦纳	Botswana	1.9	1088
巴西	Brazil	656.8	27238
文莱	Brunei Darussalam	0.9	20024
保加利亚	Bulgaria	56.6	2968
布基纳法索	Burkina Faso	8.2	651
布隆迪	Burundi	2.8	929
佛得角	Cabo Verde	0.3	558
柬埔寨	Cambodia	21.8	7533
喀麦隆	Cameroon	10.9	11113
加拿大	Canada	357.3	77985
开曼群岛	Cayman Islands		
中非	Central African Republic	0.7	30679
乍得	Chad	8.8	999
海峡群岛	Channel Islands		
智利	Chile	353.7	47914
哥伦比亚	Colombia	136.0	43856
科摩罗	Comoros	0.1	1474
刚果民主共和国	Congo, Dem. Rep.	6.8	11057
刚果	Congo, Rep.	0.5	43438
哥斯达黎加	Costa Rica	31.9	22828
科特迪瓦	Cote d'Ivoire	11.6	3144
克罗地亚	Croatia	6.7	9140
古巴	Cuba	69.6	3362
库拉索岛	Curacao		

资料来源：世界银行WDI数据库。

Freshwater (2017)

年度淡水抽取量 Freshwater Withdrawals			
占水资源总量的比重 (%) % of Internal Resources	农业用水 % for Agriculture	工业用水 % for Industry	生活用水 % for Domestic
43.0	98	1	1
4.4	64	16	20
87.1	64	2	34
0.5	21	34	45
8.5	16	22	63
12.9	74	11	15
41.8	74	4	22
3.2	63	16	20
6.3	2	77	21
157.5	73	24	4
3877.5	33	3	63
34.2	88	2	10
87.5	68	8	25
4.1	31	32	37
33.3	1	80	19
0.7	68	21	11
1.3	25	13	62
0.4	94	1	5
0.7	92	2	7
1.1			
8.0	36	12	52
1.2	60	14	25
1.1	6		165
26.9	15	70	16
6.5	51	3	46
2.8	79	5	15
8.4	93	1	6
1.8	94	2	4
0.4	68	10	23
1.3	7	79	14
0.1	1	17	83
5.9	76	12	12
4.0	83	13	4
0.6	47	27	26
0.8	47	5	48
0.1	11	21	68
0.0	4	26	69
2.8	72	8	20
1.5	52	21	28
1.8	11	26	64
18.3	65	11	24

Source: World Bank WDI Database.

附录3-2　续表 1

国家或地区	Country or Area	淡水抽取量（亿立方米）Total Freshwater Withdrawals (100 million m^3)	人均可再生淡水资源（立方米）Renewable Internal Freshwater Resources per Capita (m^3)
塞浦路斯	Cyprus	2.2	661
捷克	Czech Republic	16.3	1241
丹麦	Denmark	7.4	1041
吉布提	Djibouti	0.2	318
多米尼加	Dominica	0.2	2799
多米尼加共和国	Dominican Republic	90.8	2235
厄瓜多尔	Ecuador	99.2	26356
埃及	Egypt, Arab Rep.	642.0	10
萨尔瓦多	El Salvador	21.2	2447
赤道几内亚	Equatorial Guinea	0.2	20602
厄立特里亚	Eritrea	5.8	820
爱沙尼亚	Estonia	17.8	9648
埃塞俄比亚	Ethiopia	105.5	1147
法罗群岛	Faroe Islands		
斐济	Fiji	0.8	32537
芬兰	Finland	65.6	19426
法国	France	264.4	2989
法属波利尼西亚	French Polynesia		
加蓬	Gabon	1.4	79426
冈比亚	Gambia	1.0	1355
格鲁吉亚	Georgia	18.2	15593
德国	Germany	244.4	1295
加纳	Ghana	14.5	1040
希腊	Greece	112.4	5393
格陵兰	Greenland		
格林纳达	Grenada		1804
关岛	Guam		
危地马拉	Guatemala	33.2	6788
几内亚	Guinea	5.7	18728
几内亚比绍	Guinea-Bissau	1.8	8752
圭亚那	Guyana	14.4	310880
海地	Haiti	14.5	1185
洪都拉斯	Honduras	16.1	9615
匈牙利	Hungary	45.0	613
冰岛	Iceland	2.9	495050
印度	India	6475.0	1080
印度尼西亚	Indonesia	2226.4	7629
伊朗	Iran, Islamic Rep.	929.5	1593
伊拉克	Iraq	385.4	937
爱尔兰	Ireland	7.6	10193
马恩岛	Isle of Man		
以色列	Israel	12.0	86
意大利	Italy	340.5	3015
牙买加	Jamaica	13.5	3704
日本	Japan	812.2	3392
约旦	Jordan	9.0	70
哈萨克斯坦	Kazakhstan	224.5	3568
肯尼亚	Kenya	40.3	412
基里巴斯	Kiribati		
朝鲜	Korea, Dem. People's Rep.	86.6	2635
韩国	Korea, Rep.	292.0	1263
科索沃	Kosovo		
科威特	Kuwait	7.7	

continued 1

年度淡水抽取量 Freshwater Withdrawals			
占水资源总量的比重 (%) % of Internal Resources	农业用水 % for Agriculture	工业用水 % for Industry	生活用水 % for Domestic
27.7	59	5	35
12.4	3	59	38
12.4	44	4	51
6.3	16		84
10.0	5		95
38.6	83	7	9
2.2	81	6	13
6420.0	79	7	14
13.6	68	10	22
0.1	5	15	80
20.8	95	0	5
14.0	0	96	3
8.6	92	0	8
0.3	59	11	30
6.1	3	76	21
13.2	12	69	20
0.1	29	10	61
3.4	39	21	41
3.1	58	22	20
22.8	1	81	18
4.8	73	6	20
19.4	80	2	18
3.0	57	18	25
0.3	51	10	39
1.1	76	6	18
0.6	94	1	4
11.1	83	4	13
1.8	73	7	20
75.0	12	75	14
0.2	0	71	29
44.8	90	2	7
11.0	85	4	11
72.3	92	1	7
109.5	91	5	3
1.5	21	6	73
159.7	54	3	43
18.7	50	23	28
12.5	8	81	10
18.9	67	14	19
132.5	53	3	44
34.9	62	29	10
19.5	80	8	12
12.9	76	13	10
45.0	59	16	25
	62	2	36

附录3-2　续表 2

国家或地区	Country or Area	淡水抽取量（亿立方米）Total Freshwater Withdrawals (100 million m^3)	人均可再生淡水资源（立方米）Renewable Internal Freshwater Resources per Capita (m^3)
吉尔吉斯斯坦	Kyrgyz Republic	77.1	7894
老挝	Lao PDR	73.2	27384
拉脱维亚	Latvia	1.8	8722
黎巴嫩	Lebanon	18.1	704
莱索托	Lesotho	0.4	2501
利比里亚	Liberia	1.5	42533
利比亚	Libya	57.2	106
列支敦士登	Liechtenstein		
立陶宛	Lithuania	2.6	5466
卢森堡	Luxembourg	0.5	1677
马达加斯加	Madagascar	135.6	13179
马拉维	Malawi	13.6	913
马来西亚	Malaysia	67.1	18647
马尔代夫	Maldives	0.0	60
马里	Mali	51.9	3241
马耳他	Malta	0.4	108
马绍尔群岛	Marshall Islands		
毛里塔尼亚	Mauritania	13.5	93
毛里求斯	Mauritius	6.1	2175
墨西哥	Mexico	878.4	3278
密克罗尼西亚	Micronesia, Fed. Sts.		
摩尔多瓦	Moldova	8.4	588
摩纳哥	Monaco	0.1	
蒙古	Mongolia	4.6	11176
黑山	Montenegro	1.6	
摩洛哥	Morocco	105.7	815
莫桑比克	Mozambique	14.7	3501
缅甸	Myanmar	332.3	18789
纳米比亚	Namibia	2.8	2564
尼泊尔	Nepal	95.0	7173
荷兰	Netherlands	79.9	642
新喀里多尼亚	New Caledonia		
新西兰	New Zealand	98.8	67933
尼加拉瓜	Nicaragua	15.4	24464
尼日尔	Niger	17.5	162
尼日利亚	Nigeria	124.7	1158
北马其顿	North Macedonia	10.4	2594
挪威	Norway	26.9	72390
阿曼	Oman	16.3	300
巴基斯坦	Pakistan	2000.0	265
帕劳	Palau		
巴拿马	Panama	12.1	33262
巴布亚新几内亚	Papua New Guinea	3.9	94927
巴拉圭	Paraguay	24.1	17038
秘鲁	Peru	161.1	52188
菲律宾	Philippines	927.5	4554
波兰	Poland	100.8	1411
葡萄牙	Portugal	91.5	3689
波多黎各	Puerto Rico	8.8	2135
卡塔尔	Qatar	2.5	21
罗马尼亚	Romania	67.7	2163
俄罗斯联邦	Russian Federation	644.1	29842
卢旺达	Rwanda	1.8	793

continued 2

年度淡水抽取量 Freshwater Withdrawals			
占水资源总量的比重 (%) % of Internal Resources	农业用水 % for Agriculture	工业用水 % for Industry	生活用水 % for Domestic
15.8	93	4	3
3.8	96	2	2
1.1	34	14	52
37.8	38	49	13
0.8	9	46	46
0.1	8	37	55
817.1	83	5	12
1.7	23	27	50
4.6	1	4	96
4.0	96	1	3
8.4	86	4	11
1.2	46	30	24
15.7		5	95
8.6	98	0	2
85.1	40	2	59
337.1	91	2	7
22.2	56	2	42
21.5	76	8	16
51.9	5	77	18
			100
1.3	54	36	10
	1	39	60
36.5	88	2	10
1.5	73	2	25
3.3	89	1	10
4.6	70	5	25
4.8	98	0	2
72.6	0	92	8
3.0	62	23	16
1.0	77	5	19
49.9	88	2	10
5.6	44	16	40
19.3	40	27	33
0.7	31	40	29
116.7	86	7	7
363.6	94	1	5
0.9	37	1	63
0.0	0	43	57
2.1	79	6	15
1.0	81	1	17
19.4	73	17	10
18.8	10	70	20
24.1	78	13	8
12.3	3	72	24
447.9	32	16	52
16.0	22	63	15
1.5	29	44	27
1.9	55	11	33

附录3-2 续表 3

国家或地区	Country or Area	淡水抽取量（亿立方米） Total Freshwater Withdrawals (100 million m^3)	人均可再生淡水资源（立方米） Renewable Internal Freshwater Resources per Capita (m^3)
萨摩亚	Samoa		
圣马力诺	San Marino		
圣多美和普林西比	Sao Tome and Principe	0.4	10527
沙特阿拉伯	Saudi Arabia	212.0	73
塞内加尔	Senegal	22.2	1673
塞尔维亚	Serbia	53.8	1197
塞舌尔	Seychelles	0.1	
塞拉利昂	Sierra Leone	2.1	21366
新加坡	Singapore	4.9	107
圣马丁岛(荷兰部分)	Sint Maarten (Dutch part)		
斯洛伐克共和国	Slovak Republic	5.6	2317
斯洛文尼亚	Slovenia	9.3	9035
所罗门群岛	Solomon Islands		70280
索马里	Somalia	33.0	411
南非	South Africa	193.8	786
南苏丹	South Sudan	6.6	2383
西班牙	Spain	312.2	2387
斯里兰卡	Sri Lanka	129.5	2462
圣基茨岛和尼维斯	St. Kitts and Nevis	0.1	461
圣露西亚	St. Lucia	0.4	1658
圣马丁(法国部分)	St. Martin (French part)		
圣文森特和格林纳丁斯	St. Vincent and the Grenadines	0.1	911
苏丹	Sudan	269.4	98
苏里南	Suriname	6.2	173532
瑞典	Sweden	23.8	17002
瑞士	Switzerland	17.3	4780
叙利亚	Syrian Arab Republic	139.6	417
塔吉克斯坦	Tajikistan	104.2	7146
坦桑尼亚	Tanzania	51.8	1537
泰国	Thailand	573.1	3244
东帝汶	Timor-Leste	11.7	6608
多哥	Togo	2.2	1494
汤加	Tonga		
特立尼达和多巴哥	Trinidad and Tobago	3.4	2774
突尼斯	Tunisia	47.7	367
土耳其	Turkey	600.1	2798
土库曼斯坦	Turkmenistan	278.7	244
特克斯和凯科斯群岛	Turks and Caicos Islands		
图瓦卢	Tuvalu		
乌干达	Uganda	6.4	947
乌克兰	Ukraine	86.4	1229
阿拉伯联合酋长国	United Arab Emirates	25.6	16
英国	United Kingdom	84.2	2195
美国	United States	4444.0	8668
乌拉圭	Uruguay	36.6	26828
乌兹别克斯坦	Uzbekistan	589.0	504
瓦努阿图	Vanuatu		35026
委内瑞拉	Venezuela, RB	226.2	27379
越南	Vietnam	818.6	3799
维尔京群岛(美国)	Virgin Islands (U.S.)		
也门	Yemen, Rep.	35.7	75
赞比亚	Zambia	15.7	4759
津巴布韦	Zimbabwe	33.4	861

continued 3

年度淡水抽取量 Freshwater Withdrawals			
占水资源总量的比重 (%) % of Internal Resources	农业用水 % for Agriculture	工业用水 % for Industry	生活用水 % for Domestic
1.9	63	1	36
883.3	82	4	13
8.6	93	3	4
64.0	12	75	12
	7	28	66
0.1	22	26	52
82.0	4	51	45
4.4	6	42	53
5.0	0	81	18
55.0	99	0	0
43.3	59	21	20
2.5	36	34	29
28.1	65	19	16
24.5	87	6	6
50.8	1		99
14.3	71		29
7.9		0	100
673.4	96	0	4
0.6	70	22	8
1.4	3	57	40
4.3	9	37	54
195.8	88	4	9
16.4	91	4	6
6.2	89	0	10
25.5	90	5	5
14.3	91	0	8
1.9	34	3	63
8.8	4	34	62
113.7	77	20	3
26.4	85	5	10
1983.3	94	3	3
1.6	41	8	51
15.7	35	39	26
1708.0	83	2	15
5.8	14	12	74
15.8	40	47	13
4.0	87	2	11
360.5	92	4	4
2.8	74	4	23
22.8	95	4	1
169.8	91	2	7
2.0	73	8	18
27.2	83	2	15

附录3-3 供 水

国家或地区	Country or Area	最近年份 latest year available	淡水供应量（百万立方米） Net Freshwater Supplied by Water Supply Industry (mio m^3)
阿尔巴尼亚	Albania	2015	920
阿尔及利亚	Algeria	2015	3548
安道尔	Andorra	2015	6
安哥拉	Angola		
安提瓜和巴布达	Antigua and Barbuda	2015	4
亚美尼亚	Armenia	2017	121
澳大利亚	Australia	2017	3450
奥地利	Austria	2010	587
阿塞拜疆	Azerbaijan	2017	256
巴林	Bahrain	2015	261
孟加拉国	Bangladesh	2015	776
白俄罗斯	Belarus	2015	611
比利时	Belgium	2014	579
伯利兹	Belize	2012	8
贝宁	Benin	2009	28
百慕大	Bermuda	2017	3
玻利维亚	Bolivia (Plurinational State of)	2016	225
波黑	Bosnia and Herzegovina	2015	158
博茨瓦纳	Botswana	2016	72
巴西	Brazil	2016	9890
英属维尔京群岛	British Virgin Islands		
保加利亚	Bulgaria	2015	381
布隆迪	Burundi	2017	27
佛得角	Cabo Verde		
喀麦隆	Cameroon	2009	85
加拿大	Canada	2015	5021
开曼群岛	Cayman Islands	2015	4
中非共和国	Central African Republic		
智利	Chile	2011	1064
中国香港	China, Hong Kong SAR	2015	973
中国澳门	China, Macao SAR	2015	85
哥伦比亚	Colombia	2016	3129
哥斯达黎加	Costa Rica	2017	289
克罗地亚	Croatia	2009	271
古巴	Cuba	2017	910
塞浦路斯	Cyprus	2015	82
捷克	Czechia	2015	481
丹麦	Denmark	2009	386
厄瓜多尔	Ecuador		
埃及	Egypt	2015	6129

资料来源：联合国统计司环境统计数据库。
Sources:UNSD Environment Statistics Data.

Water Supply Industry

人均淡水供应量（立方米/人） Net Freshwater Supplied by Water Supply Industry per capita (m^3/person)	最近年份 latest year available	供水受益率（%） Total Population Supplied by Water Supply Industry (%)	受益人口人均淡水供应量（立方米/人） Net Freshwater Supplied by Water Supply Industry per capita Connected (m^3/person)
	2017	78.0	
89	2015	98.0	91
77	2015	100.0	77
	2011	15.3	
	2011	82.0	
	2016	97.9	
	2016	92.0	
26	2017	50.9	51
190	2015	99.3	191
	2009	100.0	
23	2012	57.6	39
42	2017	19.0	220
	2017	85.7	
	2017	68.0	
	2006	96.0	
48	2016	83.3	58
	2001	48.4	
	2017	99.0	
	2017	84.5	
	2007	43.9	
	2009	30.0	
135	2015	100.0	135
141	2015	100.0	141
58	2017	95.2	61
	2011	86.0	
80	2017	95.6	84
	2017	100.0	
	2017	95.0	
	2002	97.0	
	2012	74.5	
66	2015	98.0	68

附录3-3 续表 1

国家或地区	Country or Area	最近年份 latest year available	淡水供应量（百万立方米） Net Freshwater Supplied by Water Supply Industry (mio m^3)
爱沙尼亚	Estonia	2013	52
斐济	Fiji	2017	75069
芬兰	Finland	1999	404
法国	France	2013	3622
法属圭亚那	French Guiana	2014	15
冈比亚	Gambia		
格鲁吉亚	Georgia	2017	262
德国	Germany	2013	4233
希腊	Greece	2015	1182
瓜德卢普	Guadeloupe	2015	36
危地马拉	Guatemala		
几内亚	Guinea	2009	68
圭亚那	Guyana	2012	127
匈牙利	Hungary	2015	443
冰岛	Iceland	2005	67
印度尼西亚	Indonesia	2012	2969
伊朗	Iran (Islamic Republic of)	2017	5610
伊拉克	Iraq	2015	3745
爱尔兰	Ireland	2011	669
以色列	Israel	2012	1902
意大利	Italy	2012	5232
牙买加	Jamaica	2017	87
日本	Japan	2012	80500
约旦	Jordan	2015	214
哈萨克斯坦	Kazakhstan	2017	1124
科威特	Kuwait	2015	640
吉尔吉斯斯坦	Kyrgyzstan	2017	5072
拉脱维亚	Latvia	2015	74
黎巴嫩	Lebanon	2008	326
立陶宛	Lithuania	2015	101
莱索托	Luxembourg		
马达加斯加	Madagascar	2007	101
马拉维	Malawi	2016	26
马来西亚	Malaysia	2017	3937
马尔代夫	Maldives	2015	6
马里	Mali	2017	11402
马耳他	Malta	2015	28
马提尼克	Martinique	2015	38
毛里求斯	Mauritius	2017	120
墨西哥	Mexico	2017	12628
摩纳哥	Monaco	2017	5
黑山	Montenegro	2011	50
摩洛哥	Morocco		
荷兰	Netherlands	2014	1068

continued 1

人均淡水供应量（立方米/人）Net Freshwater Supplied by Water Supply Industry per capita (m^3/person)	最近年份 latest year available	供水受益率（%）Total Population Supplied by Water Supply Industry (%)	受益人口人均淡水供应量（立方米/人）Net Freshwater Supplied by Water Supply Industry per capita Connected (m^3/person)
	2017	83.0	
	2014	94.0	
57	2013	99.0	57
	2012	68.0	
	2005	50.0	
65	2017	66.0	99
	2016	99.0	
	2007	94.0	
	2012	76.0	
	2011	74.9	
	2016	48.0	
	2017	100.0	
	2014	95.0	
70	2017	95.2	73
105	2015	86.8	121
	2007	85.0	
	2011	80.0	
	2014	96.7	
62	2017	92.0	68
167	2015	100.0	167
	2005	75.6	
	2017	82.0	
	2015	100.0	
127	2017	95.5	133
616	2017	68.0	906
	2017	100.0	
	2012	100.0	
95	2017	99.7	95
123	2017	100.0	123
	2014	83.0	
	2016	100.0	

附录3-3 续表 2

国家或地区	Country or Area	最近年份 latest year available	淡水供应量（百万立方米）Net Freshwater Supplied by Water Supply Industry (mio m^3)
新喀里多尼亚	New Caledonia		
尼日尔	Niger	2012	52
尼日利亚	Nigeria	2010	3047
北马其顿	North Macedonia	2014	524
挪威	Norway	1994	575
巴拿马	Panama	2017	419
巴拉圭	Paraguay		
秘鲁	Peru		
菲律宾	Philippines		
波兰	Poland	2015	1595
葡萄牙	Portugal	2009	718
卡塔尔	Qatar	2015	509
韩国	Republic of Korea	2015	7775
摩尔多瓦	Republic of Moldova	2017	97
罗马尼亚	Romania	2015	774
罗马尼亚	Russian Federation	2017	9080
卢旺达	Rwanda	2012	20
留尼汪	Réunion	2014	130
萨摩亚	Samoa	2014	16
沙特阿拉伯	Saudi Arabia	2016	2770
塞内加尔	Senegal	2017	150
塞尔维亚	Serbia	2015	423
新加坡	Singapore	2015	665
斯洛伐克	Slovakia	2015	288
斯洛文尼亚	Slovenia	2015	112
南非	South Africa	2012	14647
西班牙	Spain	2014	3669
巴勒斯坦	State of Palestine		
苏丹	Sudan		
苏里南	Suriname	2017	46
瑞典	Sweden	2005	737
瑞士	Switzerland	2015	803
泰国	Thailand	2014	4206
特立尼达和多巴哥	Trinidad and Tobago		
突尼斯	Tunisia	2013	1232
土耳其	Turkey	2014	3682
乌克兰	Ukraine	2012	2806
阿拉伯联合酋长国	United Arab Emirates	2015	1847
英国	United Kingdom	2011	3968
坦桑尼亚	United Republic of Tanzania		
乌兹别克斯坦	Uzbekistan	2015	1639
委内瑞拉	Venezuela (Bolivarian Republic of)	2009	28268
越南	Viet Nam		
也门	Yemen	2013	99
津巴布韦	Zimbabwe	2017	3820

continued 2

人均淡水供应量（立方米/人） Net Freshwater Supplied by Water Supply Industry per capita (m^3/person)	最近年份 latest year available	供水受益率(%) Total Population Supplied by Water Supply Industry (%)	受益人口人均淡水供应量（立方米/人） Net Freshwater Supplied by Water Supply Industry per capita Connected (m^3/person)
	2014	95.0	
19	2010	56.0	34
252	2014	95.0	266
	2017	89.0	
	2016	77.7	
	2017	80.9	
	2017	89.4	
	2004	80.2	
	2017	92.0	
	2017	93.0	
198	2015	100.0	198
24	2017	54.2	44
	2017	68.0	
	2010	79.2	
	2010	74.2	
81	2014	96.0	84
	2015	98.0	
10	2017	48.6	20
48	2015	82.9	57
119	2015	100.0	119
	2017	89.0	
277	2012	93.8	296
	2016	100.0	
	2015	94.9	
	2011	60.5	
	2012	67.8	
	2015	88.0	
	2012	99.0	
	2016	96.9	
	2015	97.6	
	2016	98.0	
	2013	55.6	
53	2015	81.4	65
1008	2009	95.0	1062
	2012	32.0	
4	2013	18.6	21

附录3-4 氮氧化物排放
NO_x Emissions

国家或地区	Country or Area	最近年份 Latest Year Available	氮氧化物排放量(千吨) NO_x Emissions (1000 tonnes)	比1990年增减(%) % Change since 1990 (%)	人均氮氧化物排放量(千克) NO_x Emissions per Capita (kg)
阿富汗	Afghanistan	2013	66.00		2.05
阿尔巴尼亚	Albania	2009	48.49	171.70	16.31
阿尔及利亚	Algeria	2000	280.33		9.03
安哥拉	Angola	2005	151.32		7.79
安提瓜和巴布达	Antigua and Barbuda	2000	2.27		29.87
阿根廷	Argentina	2012	1007.23	97.78	24.12
亚美尼亚	Armenia	2010	17.21	-77.53	5.98
澳大利亚	Australia	2018	2721.85	67.93	109.32
奥地利	Austria	2018	149.00	-31.14	16.76
阿塞拜疆	Azerbaijan	2012	4.00	4900.00	0.43
巴林	Bahrain	2000	52.00		78.24
孟加拉国	Bangladesh	2005	3.95		0.03
巴巴多斯	Barbados	1997	0.05	-97.90	0.19
白俄罗斯	Belarus	2018	2.33	69.41	0.25
比利时	Belgium	2018	167.05	-60.62	14.55
伯利兹	Belize	2009	0.03		0.10
贝宁	Benin	2000	24.96		3.64
不丹	Bhutan	2000	1.77		2.99
玻利维亚	Bolivia (Plurinational State of)	2004	13.42	-63.74	1.48
波黑	Bosnia and Herzegovina	2014	79.00	-4.90	22.69
博茨瓦纳	Botswana	2015	8.43		3.97
巴西	Brazil	2015	2077.60	77.50	10.16
保加利亚	Bulgaria	2018	121.98	-52.60	17.30
布基纳法索	Burkina Faso	2007	6.05		0.42
布隆迪	Burundi	1998	12.44		2.01
佛得角	Cabo Verde	2000	2.03		4.73
柬埔寨	Cambodia	2000	25.08		2.06
喀麦隆	Cameroon	2000	111.00		7.15
中非共和国	Central African Republic	2010	0.30		0.07
乍得	Chad	2003	9.67		1.03
智利	Chile	2016	297.50	128.67	16.34
哥伦比亚	Colombia	2004	332.01	43.03	7.89
科摩罗	Comoros	2000	0.62		1.15
刚果	Congo	2000	11.62		3.72
哥斯达黎加	Costa Rica	2005	25.18	-17.70	5.87
科特迪瓦	Cote d'Ivoire	2000	276.22		16.79
克罗地亚	Croatia	2018	45.92	-54.44	11.05

资料来源：联合国统计司环境统计数据库。
Sources:UNSD Environment Statistics Data.

附录3-4　续表 1　continued 1

国家或地区	Country or Area	最近年份 Latest Year Available	氮氧化物排放量（千吨） NO_x Emissions (1000 tonnes)	比1990年增减（%） % Change since 1990 (%)	人均氮氧化物排放量（千克） NO_x Emissions per Capita (kg)
古巴	Cuba	2002	83.82	-40.00	7.48
塞浦路斯	Cyprus	2018	14.80	-12.89	12.45
捷克	Czech Republic	2018	160.87	-77.89	15.08
朝鲜	Democratic People's Republic of Korea	2002	159.00	-65.36	6.81
刚果民主共和国	Democratic Republic of the Congo	2003	749.82		14.58
丹麦	Denmark	2018	108.86	-64.36	18.93
吉布提	Djibouti	2000	1.89		2.63
多米尼加	Dominica	2005	0.63		8.93
多米尼加共和国	Dominican Republic	2010	7.48	-86.18	0.77
厄瓜多尔	Ecuador	2012	229.31	78.96	14.82
埃及	Egypt	2005	399.42		5.29
萨尔瓦多	El Salvador	2005	39.47		6.52
厄立特里亚	Eritrea	2000	5.00		2.18
爱沙尼亚	Estonia	2018	42.15	-55.89	31.86
斯威士兰	Eswatini	1994	19.88		21.90
埃塞俄比亚	Ethiopia	2013	52.44	-66.81	0.55
斐济	Fiji	2004	11.49		14.05
芬兰	Finland	2018	119.80	-59.84	21.69
法国	France	2018	871.52	-58.77	13.41
加蓬	Gabon	2000	7.54		6.14
冈比亚	Gambia	2000	3.84		2.92
格鲁吉亚	Georgia	2013	47.11	-63.33	11.64
德国	Germany	2018	1197.59	-58.52	14.41
加纳	Ghana	2000	50.06		2.60
希腊	Greece	2018	169.19	-46.35	16.08
危地马拉	Guatemala	2005	92.93	118.27	7.10
几内亚	Guinea	2000	21.00		2.55
几内亚比绍	Guinea-Bissau	2010	7.06		4.64
圭亚那	Guyana	2004	15.00		20.11
海地	Haiti	2000	14.69		1.74
洪都拉斯	Honduras	2000	33.22		5.05
匈牙利	Hungary	2018	119.14	-51.39	12.27
冰岛	Iceland	2018	21.90	-29.10	65.05
印度尼西亚	Indonesia	2000	84.67	386.33	0.40
伊朗	Iran (Islamic Republic of)	2000	600.76		9.15
爱尔兰	Ireland	2018	108.51	-37.18	22.52
以色列	Israel	2018	94.68		11.30
意大利	Italy	2018	672.30	-68.39	11.09
牙买加	Jamaica	2012	43.97		15.47
日本	Japan	2018	1316.62	-33.40	10.35
约旦	Jordan	2006	116.00		19.36
哈萨克斯坦	Kazakhstan	2018	653.88	-8.36	35.69
肯尼亚	Kenya	2010	178.00		4.24
基里巴斯	Kiribati	1994	0.00		0.00
科威特	Kuwait	1994	113.00		68.10

附录3-4 续表 2 continued 2

国家或地区	Country or Area	最近年份 Latest Year Available	氮氧化物排放量(千吨) NO_x Emissions (1000 tonnes)	比1990年增减(%) % Change since 1990 (%)	人均氮氧化物排放量(千克) NO_x Emissions per Capita (kg)
吉尔吉斯斯坦	Kyrgyzstan	2010	31.66	-59.76	5.84
老挝	Lao People's Dem. Rep.	2000	7.87	88.28	1.48
拉脱维亚	Latvia	2018	33.85	-64.61	17.55
黎巴嫩	Lebanon	2013	88.67		15.00
莱索托	Lesotho	1994	5.05		2.71
利比里亚	Liberia	2000	1.00		0.35
立陶宛	Lithuania	2018	56.23	-63.93	20.07
卢森堡	Luxembourg	2018	19.74	-51.90	32.66
马达加斯加	Madagascar	2010	34.90		1.65
马拉维	Malawi	1994	26.27	-8.47	2.70
马来西亚	Malaysia	2011	1.04		0.04
马里	Mali	2010	8.79		0.58
马耳他	Malta	2018	4.52	-39.22	10.28
马绍尔群岛	Marshall Islands	2010	0.59		10.39
毛里塔尼亚	Mauritania	2000	10.31		3.92
毛里求斯	Mauritius	2005	13.69		11.20
密克罗尼西亚	Micronesia (Federated States of)	2000	1.26		11.69
摩纳哥	Monaco	2018	0.14	-74.59	3.73
蒙古	Mongolia	1998	2.98	29.57	1.27
黑山	Montenegro	2011	10.15	32.48	16.23
摩洛哥	Morocco	2012	326.56		9.82
莫桑比克	Mozambique	1994	93.10	22.60	6.23
缅甸	Myanmar	2005	0.03		0.00
纳米比亚	Namibia	2000	41.20		22.96
瑙鲁	Nauru	2010	0.15		14.98
尼泊尔	Nepal	2000	67.00		2.80
荷兰	Netherlands	2018	211.61	-63.96	12.40
新西兰	New Zealand	2018	168.34	65.52	35.49
尼加拉瓜	Nicaragua	2000	69.62		13.73
尼日尔	Niger	2008	24.00		1.57
尼日利亚	Nigeria	2000	1005.00		8.22
纽埃岛	Niue	2009	0.06		34.59
北马其顿	North Macedonia	2009	34.07	-17.74	16.46
挪威	Norway	2018	163.49	-18.92	30.63
阿曼	Oman	1994	0.22		0.10
帕劳	Palau	2005	0.01		0.26
巴拿马	Panama	2000	33.69		11.12
巴布亚新几内亚	Papua New Guinea	2000	18.23		3.12
巴拉圭	Paraguay	2012	62.17	-21.34	9.68
秘鲁	Peru	1994	138.46		5.81
菲律宾	Philippines	1994	316.80		4.65
波兰	Poland	2017	803.65	-26.24	21.17
葡萄牙	Portugal	2018	152.38	-39.30	14.86
卡塔尔	Qatar	2007	175.69		144.19
摩尔多瓦	Republic of Moldova	2013	36.34	-73.55	8.92

附录3-4　续表 3　continued 3

国家或地区	Country or Area	最近年份 Latest Year Available	氮氧化物排放量（千吨） NO_x Emissions (1000 tonnes)	比1990年增减（%） % Change since 1990 (%)	人均氮氧化物排放量（千克） NO_x Emissions per Capita (kg)
罗马尼亚	Romania	2018	204.04	-57.89	10.46
俄罗斯联邦	Russian Federation	2018	4549.64	-43.17	31.22
卢旺达	Rwanda	2005	14.20		1.61
圣卢西亚	Saint Lucia	2010	2.70		15.51
圣文森特和格林纳丁斯	Saint Vincent and the Grenadines	2004	1.35	-95.32	12.40
萨摩亚	Samoa	1994	0.97		5.75
圣马力诺	San Marino	2010	1.81		57.97
圣多美和普林西比	Sao Tome and Principe	2012	0.75		4.00
塞内加尔	Senegal	2005	34.57		3.12
塞尔维亚	Serbia	1998	164.00	-20.88	16.93
塞舌尔	Seychelles	2000	1.15		14.20
斯洛伐克	Slovakia	2018	66.06	-50.89	12.11
斯洛文尼亚	Slovenia	2018	33.80	-53.10	16.27
所罗门群岛	Solomon Islands	2000	1.08		2.61
南苏丹	South Sudan	2015	62.04		5.79
西班牙	Spain	2018	772.60	-45.64	16.55
斯里兰卡	Sri Lanka	2000	83.68		4.46
苏丹	Sudan	2000	97.00		3.56
苏里南	Suriname	2003	9.00		18.44
瑞典	Sweden	2018	126.86	-54.22	12.72
瑞士	Switzerland	2018	64.29	-55.40	7.54
塔吉克斯坦	Tajikistan	2010	6.00	-91.89	0.80
泰国	Thailand	2013	1346.90		19.77
东帝汶	Timor-Leste	2010	1.82		1.66
多哥	Togo	2005	19.68		3.51
汤加	Tonga	2006	0.79		7.76
特立尼达和多巴哥	Trinidad and Tobago	1990	36.56		29.94
突尼斯	Tunisia	2000	94.87		9.77
土耳其	Turkey	2018	782.80	207.74	9.51
土库曼斯坦	Turkmenistan	2010	169.59		33.34
图瓦卢	Tuvalu	2014	0.10		8.78
乌干达	Uganda	2000	71.77		3.03
乌克兰	Ukraine	2018	590.11	-74.05	13.34
阿拉伯联合酋长国	United Arab Emirates	2005	332.00		72.36
英国	United Kingdom	2018	833.30	-72.99	12.41
坦桑尼亚	United Republic of Tanzania	1994	161.34	2.97	5.60
美国	United States of America	2018	8583.10	-60.47	26.24
乌拉圭	Uruguay	2017	57.30	28.71	16.67
乌兹别克斯坦	Uzbekistan	2012	275.62	-33.07	9.36
瓦努阿图	Vanuatu	2000	0.44		2.38
委内瑞拉	Venezuela (Bolivarian Republic of)	1999	394.79		16.63
越南	Viet Nam	2013	50.36		0.55
也门	Yemen	2012	104.78		4.28
赞比亚	Zambia	2000	1262.23		121.18
津巴布韦	Zimbabwe	2006	1059.96		87.20

附录3-5 二氧化硫排放
SO_2 Emissions

国家或地区	Country or Area	最近年份 Latest Year Available	二氧化硫排放量（千吨） SO_2 Emissions (1000 tonnes)	比1990年增减（%） % Change since 1990 (%)	人均二氧化硫排放量（千克） SO_2 Emissions per Capita (kg)
阿富汗	Afghanistan	2005	13.86		0.54
阿尔巴尼亚	Albania	2009	1.60	180.70	0.54
阿尔及利亚	Algeria	2000	45.64		1.47
安提瓜和巴布达	Antigua and Barbuda	2000	2.75	-2.83	36.18
阿根廷	Argentina	2012	119.38	50.7	2.86
亚美尼亚	Armenia	2010	29.44	7390.8	10.23
澳大利亚	Australia	2018	2121.03	33.8	85.19
奥地利	Austria	2018	11.67	-84.2	1.31
巴林	Bahrain	2000	27.00		40.63
巴巴多斯	Barbados	1997	0.05		0.19
白俄罗斯	Belarus	2018	4.81	37.3	0.51
比利时	Belgium	2018	37.97	-89.6	3.31
伯利兹	Belize	1994	0.53		2.63
贝宁	Benin	2000	13.88		2.02
不丹	Bhutan	2000	1.06		1.79
玻利维亚	Bolivia (Plurinational State of)	2000	12.10	8.4	1.44
波黑	Bosnia and Herzegovina	2014	516.00	13.9	148.19
保加利亚	Bulgaria	2018	359.55	-19.4	50.99
布基纳法索	Burkina Faso	2007	0.50		0.04
柬埔寨	Cambodia	1994	25.69		2.49
喀麦隆	Cameroon	2000	7.00		0.45
智利	Chile	2016	357.40	40.0	19.63
哥伦比亚	Colombia	2004	142.81	0.7	3.39
科摩罗	Comoros	2000	0.13		0.25
哥斯达黎加	Costa Rica	2005	4.85		1.13
科特迪瓦	Cote d'Ivoire	2000	4079.55		247.93
克罗地亚	Croatia	2018	10.16	-94.0	2.45
古巴	Cuba	2002	622.51	30.4	55.58
塞浦路斯	Cyprus	2018	17.71	-44.2	14.89
捷克	Czechia	2018	96.51	-94.5	9.05
朝鲜	Democratic People's Republic of Korea	2002	1384.00	-55.7	59.30
刚果民主共和国	Democratic Republic of the Congo	2000	0.02		0.00
丹麦	Denmark	2018	11.82	-93.4	2.06
多米尼加	Dominica	2005	0.22		3.09
多米尼加共和国	Dominican Republic	2010	1.11	-98.6	0.11
埃及	Egypt	2005	146.45		1.94
爱沙尼亚	Estonia	2018	35.96	-83.8	27.18
斯威士兰	Eswatini	1994	1.97		2.17
埃塞俄比亚	Ethiopia	2013	8.74	-21.3	0.09
斐济	Fiji	1994	0.03		0.04
芬兰	Finland	2018	33.39	-86.7	6.05
法国	France	2018	180.04	-86.4	2.77

资料来源：联合国统计司环境统计数据库。
Sources:UNSD Environment Statistics Data.

附录3-5 续表 1 continued 1

国家或地区	Country or Area	最近年份 Latest Year Available	二氧化硫排放量(千吨) SO_2 Emissions (1000 tonnes)	比1990年增减(%) % Change since 1990 (%)	人均二氧化硫排放量(千克) SO_2 Emissions per Capita (kg)
加蓬	Gabon	2000	7.67		6.24
格鲁吉亚	Georgia	2013	2.54		0.63
德国	Germany	2018	288.68	-94.7	3.47
加纳	Ghana	2000	0.50		0.03
希腊	Greece	2018	98.99	-80.6	9.41
危地马拉	Guatemala	2005	52.29	-29.8	3.99
几内亚	Guinea	1994	0.44		0.06
圭亚那	Guyana	2004	6.90	-8.0	9.25
海地	Haiti	2000	13.58		1.60
洪都拉斯	Honduras	2000	0.38		0.06
匈牙利	Hungary	2018	23.04	-97.2	2.37
冰岛	Iceland	2018	54.71	127.7	162.47
伊朗	Iran (Islamic Republic of)	2000	139.46		2.13
伊拉克	Iraq	1997	3909.00		182.33
爱尔兰	Ireland	2018	12.17	-93.3	2.52
以色列	Israel	2018	56.20		6.71
意大利	Italy	2018	110.45	-93.8	1.82
牙买加	Jamaica	2012	15.99		5.63
日本	Japan	2018	694.93	-44.4	5.46
约旦	Jordan	2006	138.00		23.03
哈萨克斯坦	Kazakhstan	2018	668.74	-35.9	36.50
肯尼亚	Kenya	2010	145.65		3.47
科威特	Kuwait	1994	319.00		192.25
吉尔吉斯斯坦	Kyrgyzstan	2010	30.56	-67.0	5.64
老挝	Lao People's Democratic Republic	2000	1.59		0.30
拉脱维亚	Latvia	2018	3.83	-96.2	1.99
黎巴嫩	Lebanon	2013	119.01		20.13
立陶宛	Lithuania	2018	12.66	-93.2	4.52
卢森堡	Luxembourg	2018	0.92	-94.2	1.52
马达加斯加	Madagascar	2010	65.20		3.08
马里	Mali	2010	3.65		0.24
马耳他	Malta	2018	0.33	-96.8	0.76
马绍尔群岛	Marshall Islands	2010	0.28		5.02
毛利塔尼亚	Mauritania	2000	0.09		0.03
毛里求斯	Mauritius	2005	9.60		7.86
密克罗尼西亚	Micronesia (Federated States of)	2000	0.31		2.86
摩纳哥	Monaco	2018	0.01	-91.5	0.29
黑山	Montenegro	2011	39.73	184.7	63.54
摩洛哥	Morocco	2012	635.53		19.12
纳米比亚	Namibia	2000	10.90		6.07
瑙鲁	Nauru	2010	0.18		18.39
尼泊尔	Nepal	2000	76.00		3.17
荷兰	Netherlands	2018	24.51	-86.9	1.44
新西兰	New Zealand	2018	71.35	25.0	15.04
尼加拉瓜	Nicaragua	2000	0.19		0.04
尼日尔	Niger	2008	1929.00		126.48
尼日利亚	Nigeria	2000	190.00		1.55
纽埃	Niue	2009	0.00		0.06
北马其顿	North Macedonia	2009	205.83	6799.9	99.48
挪威	Norway	2018	16.28	-67.26	3.05

附录3-5 续表 2 continued 2

国家或地区	Country or Area	最近年份 Latest Year Available	二氧化硫排放量 (千吨) SO_2 Emissions (1000 tonnes)	比1990年增减 (%) % Change since 1990 (%)	人均二氧化硫排放量 (千克) SO_2 Emissions per Capita (kg)
阿曼	Oman	1994	3.375		1.57
帕劳	Palau	2005	0.00748		0.38
巴拿马	Panama	2000	0.13		0.04
巴布亚新几内亚	Papua New Guinea	2000	36.00		6.16
巴拉圭	Paraguay	2012	0.27	-7.7	0.04
秘鲁	Peru	1994	123.26		5.17
菲律宾	Philippines	1994	458.53		6.73
波兰	Poland	2017	582.65	-78.0	15.35
葡萄牙	Portugal	2018	45.17	-85.8	4.40
卡塔尔	Qatar	2007	143.92		118.12
摩尔多瓦	Republic of Moldova	2013	21.86	-92.6	5.37
罗马尼亚	Romania	2018	80.03	-90.0	4.10
俄罗斯联邦	Russian Federation	2018	739.89	-8.9	5.08
卢旺达	Rwanda	2005	18.00		2.04
圣卢西亚	Saint Lucia	2010	0.19		1.09
圣文森特和格林纳丁斯	Saint Vincent and the Grenadines	2004	0.46	79.7	4.20
塞内加尔	Senegal	2005	39.63		3.57
塞尔维亚	Serbia	1998	388.00	-21.0	40.06
塞拉利昂	Sierra Leone	2005	0.05		0.01
斯洛伐克	Slovakia	2018	20.23	-86.4	3.71
斯洛文尼亚	Slovenia	2018	4.08	-98.0	1.97
所罗门群岛	Solomon Islands	2000	0.27		0.65
南苏丹	South Sudan	2015	7.23		0.68
西班牙	Spain	2018	212.25	-90.0	4.55
斯里兰卡	Sri Lanka	2000	105.87		5.64
苏丹	Sudan	2000	1.00		0.04
瑞典	Sweden	2018	17.38	-83.2	1.74
瑞士	Switzerland	2018	4.99	-86.4	0.59
塔吉克斯坦	Tajikistan	2010	9.00	-73.5	1.20
泰国	Thailand	2013	573.03		8.41
东帝汶	Timor-Leste	2010	0.40		0.37
多哥	Togo	2005	8.26		1.47
汤加	Tonga	2006	0.16		1.59
特立尼达和多巴哥	Trinidad and Tobago	1990	8.75		7.17
突尼斯	Tunisia	2000	111.29		11.46
土耳其	Turkey	2018	2524.42	49.6	30.66
土库曼斯坦	Turkmenistan	2010	2.72		0.54
图瓦卢	Tuvalu	2014	0.00		0.08
乌干达	Uganda	2000	4.10		0.17
乌克兰	Ukraine	2018	787.83	-52.3	17.81
英国	United Kingdom	2018	162.86	-95.7	2.43
坦桑尼亚	United Republic of Tanzania	1994	175.74	8.4	6.10
美国	United States of America	2018	2480.97	-88.1	7.58
乌拉圭	Uruguay	2017	24.50	-44.1	7.13
乌兹别克斯坦	Uzbekistan	2012	201.26	-69.2	6.83
瓦努阿图	Vanuatu	2000	0.00		0.01
越南	Viet Nam	2000	9.86		0.12
也门	Yemen	2012	4.12		0.17
赞比亚	Zambia	2000	6.16		0.59
津巴布韦	Zimbabwe	2006	1.63		0.13

附录3-6　二氧化碳排放
CO_2 Emissions

国家或地区	Country or Area	最近年份 Latest Year Available	二氧化碳排放量（千吨） CO_2 Emissions (1000 tonnes)	比1990年增减（%） % Change since 1990 (%)	人均二氧化碳排放量（吨/人） CO_2 Emissions per Capita (tonne / person)
阿富汗	Afghanistan	2013	9851		0.31
阿尔巴尼亚	Albania	2009	5943	91.59	2.00
阿尔及利亚	Algeria	2000	71593		2.31
安哥拉	Angola	2005	27809		1.43
安提瓜和巴布达	Antigua and Barbuda	2000	372	29.06	4.89
阿根廷	Argentina	2012	188265	86.65	4.51
亚美尼亚	Armenia	2010	4457	-79.38	1.55
澳大利亚	Australia	2018	415954	49.40	16.71
奥地利	Austria	2018	66720	7.40	7.50
阿塞拜疆	Azerbaijan	2013	39229	-29.82	4.18
巴哈马	Bahamas	2000	660	-65.13	2.22
巴林	Bahrain	2000	18170		27.34
孟加拉国	Bangladesh	2005	40862		0.29
巴巴多斯	Barbados	1997	2198	40.54	8.20
白俄罗斯	Belarus	2018	61872	-40.33	6.55
比利时	Belgium	2018	100208	-16.71	8.73
伯利兹	Belize	2009	6		0.02
贝宁	Benin	2000	1416		0.21
不丹	Bhutan	2000	498		0.84
玻利维亚	Bolivia (Plurinational State of)	2004	9786	81.69	1.08
波黑	Bosnia and Herzegovina	2014	21712	-17.95	6.24
博茨瓦纳	Botswana	2015	7435		3.51
巴西	Brazil	2015	504747	136.35	2.47
文莱	Brunei Darussalam	2010	5883		15.14
保加利亚	Bulgaria	2018	43552	-43.22	6.18
布基纳法索	Burkina Faso	2007	1604		0.11
布隆迪	Burundi	2015	159		0.02
佛得角	Cabo Verde	2000	285		0.67
柬埔寨	Cambodia	2000	2053		0.17
喀麦隆	Cameroon	2000	2991		0.19
加拿大	Canada	2018	586505	26.92	15.82
中非共和国	Central African Republic	2010	253		0.06
乍得	Chad	2003	4055		0.43
智利	Chile	2016	87444	162.68	4.80

资料来源：联合国统计司环境统计数据库。
Sources:UNSD Environment Statistics Data.

附录3-6 续表 1 continued 1

国家或地区	Country or Area	最近年份 Latest Year Available	二氧化碳排放量（千吨） CO_2 Emissions (1000 tonnes)	比1990年增减（%） % Change since 1990 (%)	人均二氧化碳排放量（吨/人） CO_2 Emissions per Capita (tonne / person)
哥伦比亚	Colombia	2004	63907	28.57	1.52
科摩罗	Comoros	2000	82		0.15
刚果	Congo	2000	1292		0.41
库克群岛	Cook Islands	1994	33		1.71
哥斯达黎加	Costa Rica	2005	5989	117.84	1.40
科特迪瓦	Côte d'Ivoire	2000	60372		3.67
克罗地亚	Croatia	2018	17719	-24.05	4.26
古巴	Cuba	2002	24893	-26.57	2.22
塞浦路斯	Cyprus	2018	7333	57.46	6.17
捷克	Czechia	2018	104411	-36.41	9.79
朝鲜	Democratic People's Republic of Korea	2002	73779	-58.72	3.16
刚果民主共和国	Democratic Republic of the Congo	2003	2645		0.05
丹麦	Denmark	2018	36246	-33.91	6.30
吉布提	Djibouti	2000	342		0.48
多米尼加	Dominica	2017	157		2.19
多米尼加共和国	Dominican Republic	2010	12572	43.47	1.30
厄瓜多尔	Ecuador	2012	41084	188.25	2.66
埃及	Egypt	2005	169250	100.93	2.24
萨尔瓦多	El Salvador	2005	6062		1.00
厄立特里亚	Eritrea	2000	621		0.27
爱沙尼亚	Estonia	2018	17711	-52.01	13.39
斯威士兰	Eswatini	1994	874		0.96
埃塞俄比亚	Ethiopia	2013	10143	339.67	0.11
斐济	Fiji	2004	1567		1.92
芬兰	Finland	2018	45849	-19.52	8.30
法国	France	2018	338327	-16.11	5.21
加蓬	Gabon	2000	5157		4.20
冈比亚	Gambia	2000	219		0.17
格鲁吉亚	Georgia	2013	9478	-73.32	2.34
德国	Germany	2018	755362	-28.22	9.09
加纳	Ghana	2006	7847	174.21	0.35
希腊	Greece	2018	71798	-13.94	6.82
格林纳达	Grenada	1994	135		1.36
危地马拉	Guatemala	2005	12554	195.73	0.96
几内亚	Guinea	2000	1960		0.24
几内亚比绍	Guinea-Bissau	2010	2451		1.61
圭亚那	Guyana	2004	1657	15.15	2.22
海地	Haiti	2000	1448		0.17
洪都拉斯	Honduras	2015	9903		1.09

附录3-6 续表 2 continued 2

国家或地区	Country or Area	最近年份 Latest Year Available	二氧化碳排放量(千吨) CO_2 Emissions (1000 tonnes)	比1990年增减(%) % Change since 1990 (%)	人均二氧化碳排放量(吨/人) CO_2 Emissions per Capita (tonne / person)
匈牙利	Hungary	2018	49628	-32.45	5.11
冰岛	Iceland	2018	3675	63.47	10.91
印度	India	2010	1574362		1.28
印度尼西亚	Indonesia	2000	289527	102.91	1.37
伊朗	Iran (Islamic Republic of)	2000	365908		5.58
伊拉克	Iraq	1997	60379		2.82
爱尔兰	Ireland	2018	38803	17.78	8.05
以色列	Israel	2018	64805		7.73
意大利	Italy	2018	348085	-20.53	5.74
牙买加	Jamaica	2012	7384		2.60
日本	Japan	2018	1135688	-1.96	8.93
约旦	Jordan	2006	23136		3.86
哈萨克斯坦	Kazakhstan	2018	319647	13.67	17.45
肯尼亚	Kenya	2010	13888		0.33
基里巴斯	Kiribati	2008	64		0.65
科威特	Kuwait	2016	83921		21.21
吉尔吉斯斯坦	Kyrgyzstan	2010	6363	-69.01	1.17
老挝	Lao People's Democratic Republic	2000	1052	153.59	0.20
拉脱维亚	Latvia	2018	7859	-59.70	4.08
黎巴嫩	Lebanon	2013	23097		3.91
莱索托	Lesotho	2000	805		0.40
利比里亚	Liberia	2000	3571		1.25
列支敦士登	Liechtenstein	2018	144	-27.75	3.79
立陶宛	Lithuania	2018	13669	-61.79	4.88
卢森堡	Luxembourg	2018	9569	-19.24	15.84
马达加斯加	Madagascar	2010	2058		0.10
马拉维	Malawi	1994	719	7.47	0.07
马来西亚	Malaysia	2011	205768	294.64	7.18
马尔代夫	Maldives	2015	1477		3.25
马里	Mali	2010	2744		0.18
马耳他	Malta	2018	1532	-36.41	3.49
马绍尔群岛	Marshall Islands	2010	125		2.22
毛里塔尼亚	Mauritania	2000	1137		0.43
毛里求斯	Mauritius	2013	4250		3.39
墨西哥	Mexico	2013	468240	52.31	3.94
密克罗尼西亚	Micronesia (Federated States of)	2000	152		1.42
摩尼黑	Monaco	2018	75	-23.90	1.93
蒙古	Mongolia	2006	9956	-27.06	3.89
黑山	Montenegro	2011	2686	7.80	4.30

附录3-6 续表 3 continued 3

国家或地区	Country or Area	最近年份 Latest Year Available	二氧化碳排放量(千吨) CO_2 Emissions (1000 tonnes)	比1990年增减(%) % Change since 1990 (%)	人均二氧化碳排放量(吨/人) CO_2 Emissions per Capita (tonne / person)
摩洛哥	Morocco	2012	62103		1.87
莫桑比克	Mozambique	1994	1586	46.39	0.11
缅甸	Myanmar	2005	8265		0.17
纳米比亚	Namibia	2000	2018		1.12
瑙鲁	Nauru	2010	38		3.76
尼泊尔	Nepal	2000	2894		0.12
荷兰	Netherlands	2018	160170	-1.36	9.39
新西兰	New Zealand	2018	35080	37.86	7.40
尼加拉瓜	Nicaragua	2000	3840		0.76
尼日尔	Niger	2008	1800	200.77	0.12
尼日利亚	Nigeria	2000	116825		0.96
纽埃	Niue	2009	5		3.12
北马其顿	North Macedonia	2009	8929	-13.20	4.32
挪威	Norway	2018	43818	24.05	8.21
阿曼	Oman	1994	11184		5.21
帕劳	Palau	2005	332		16.77
巴拿马	Panama	2000	5172		1.71
巴布亚新几内亚	Papua New Guinea	2000	4400		0.75
巴拉圭	Paraguay	2012	5665	149.52	0.88
秘鲁	Peru	2012	48210		1.63
菲律宾	Philippines	2000	82703		1.06
波兰	Poland	2018	337706	-10.32	8.91
葡萄牙	Portugal	2018	51482	14.19	5.02
卡塔尔	Qatar	2007	57612		47.28
韩国	Republic of Korea	2016	637600	152.69	12.51
摩尔多瓦	Republic of Moldova	2013	8325	-76.44	2.04
罗马尼亚	Romania	2018	76951	-54.54	3.94
俄罗斯联邦	Russian Federation	2018	1691360	-33.02	11.61
卢旺达	Rwanda	2005	532		0.06
圣基茨和尼维斯	Saint Kitts and Nevis	1994	71		1.70
圣卢西亚	Saint Lucia	2010	489		2.81
圣文森特和格林纳丁斯	Saint Vincent and the Grenadines	2004	217	166.73	2.00
萨摩亚	Samoa	1994	102		0.61
圣马力诺	San Marino	2010	263		8.42
圣多美和普林西比	Sao Tome and Principe	2012	110		0.58
沙特阿拉伯	Saudi Arabia	2012	498853	260.79	17.11
塞内加尔	Senegal	2005	5078		0.46
塞尔维亚	Serbia	1998	50605	-19.64	5.22
塞舌尔	Seychelles	2000	261		3.22

附录3-6 续表 4 continued 4

国家或地区	Country or Area	最近年份 Latest Year Available	二氧化碳排放量(千吨) CO_2 Emissions (1000 tonnes)	比1990年增减(%) % Change since 1990 (%)	人均二氧化碳排放量(吨/人) CO_2 Emissions per Capita (tonne / person)
塞拉利昂	Sierra Leone	2005	87		0.02
新加坡	Singapore	2012	46777		8.71
斯洛伐克	Slovakia	2018	36088	-41.45	6.62
斯洛文尼亚	Slovenia	2018	14488	-4.01	6.97
所罗门群岛	Solomon Islands	2000	191		0.46
南非	South Africa	1994	315957	12.47	7.79
南苏丹	South Sudan	2015	1829		0.17
西班牙	Spain	2018	269654	16.63	5.78
斯里兰卡	Sri Lanka	2000	10922		0.58
巴勒斯坦	State of Palestine	2011	1936		0.47
苏丹	Sudan	2000	6183		0.23
苏里南	Suriname	2003	2469		5.06
瑞典	Sweden	2018	41766	-27.17	4.19
瑞士	Switzerland	2018	36895	-16.44	4.33
塔吉克斯坦	Tajikistan	2010	1908	-89.22	0.25
泰国	Thailand	2013	242023		3.55
东帝汶	Timor-Leste	2010	261		0.24
多哥	Togo	2005	1900		0.34
汤加	Tonga	2006	113		1.11
特立尼达和多巴哥	Trinidad and Tobago	1990	14987		12.27
突尼斯	Tunisia	2000	22665		2.33
土耳其	Turkey	2018	419195	176.68	5.09
土库曼斯坦	Turkmenistan	2010	37325		7.34
图瓦卢	Tuvalu	2014	11		1.02
乌干达	Uganda	2000	1371		0.06
乌克兰	Ukraine	2018	231694	-67.17	5.24
阿拉伯联合酋长国	United Arab Emirates	2014	188885		20.50
英国	United Kingdom	2018	380850	-36.65	5.67
坦桑尼亚	United Republic of Tanzania	1994	3226	-0.73	0.11
美国	United States of America	2018	5424882	5.78	16.58
乌拉圭	Uruguay	2017	6530	67.55	1.90
乌兹别克斯坦	Uzbekistan	2012	105529	-6.85	3.58
瓦努阿图	Vanuatu	2000	70		0.38
委内瑞拉	Venezuela (Bolivarian Republic of)	1999	114126		4.81
越南	Viet Nam	2013	156969		1.73
也门	Yemen	2012	23312		0.95
赞比亚	Zambia	2000	1686		0.16
津巴布韦	Zimbabwe	2006	10995		0.90

附录3-7 温室气体排放
Greenhouse Gas Emissions

国家或地区	Country or Area	最近年份 Latest Year Available	温室气体排放总量（千吨二氧化碳当量） Total GHG Emissions (1000 tonnes of CO_2 equivalent)	比1990年增减(%) % Change since 1990 (%)	人均温室气体排放量（吨二氧化碳当量／人） GHG Emissions per Capita (tonnes of CO_2 equivalent/person)
阿富汗	Afghanistan	2013	43377		1.34
阿尔巴尼亚	Albania	2009	8126	87.16	2.73
阿尔及利亚	Algeria	2000	111023		3.58
安哥拉	Angola	2005	61611		3.17
安提瓜和巴布达	Antigua and Barbuda	2000	598	53.81	7.86
阿根廷	Argentina	2012	338963	46.70	8.12
亚美尼亚	Armenia	2010	7202	-71.14	2.50
澳大利亚	Australia	2018	558047	31.31	22.41
奥地利	Austria	2018	78950	0.58	8.88
阿塞拜疆	Azerbaijan	2013	57995	-20.97	6.18
巴哈马	Bahamas	2000	725	-62.17	2.43
巴林	Bahrain	2000	22373		33.66
孟加拉国	Bangladesh	2005	99442		0.72
巴巴多斯	Barbados	2010	1979	-39.60	7.01
白俄罗斯	Belarus	2018	91993	-33.23	9.73
比利时	Belgium	2018	118456	-19.09	10.32
伯利兹	Belize	2009	1203		3.82
贝宁	Benin	2000	6251		0.91
不丹	Bhutan	2000	1556		2.63
玻利维亚	Bolivia (Plurinational State of)	2004	43665	184.95	4.81
波黑	Bosnia and Herzegovina	2014	25740	-24.39	7.39
博茨瓦纳	Botswana	2015	23978		11.31
巴西	Brazil	2015	1026660	86.83	5.02
文莱	Brunei Darussalam	2010	9489		24.42
保加利亚	Bulgaria	2018	57816	-43.20	8.20
布基纳法索	Burkina Faso	2007	20413		1.43
布隆迪	Burundi	2015	1707		0.17
佛得角	Cabo Verde	2000	448		1.05
柬埔寨	Cambodia	2000	24109		1.98
喀麦隆	Cameroon	2000	28939		1.87
加拿大	Canada	2018	729349	20.91	19.67
中非共和国	Central African Republic	2010	5225		1.19
乍得	Chad	2003	25714		2.74
智利	Chile	2016	108800	117.64	5.98

资料来源：联合国统计司环境统计数据库。
注：温室气体排放总量不包括土地利用、土地利用变化和林业。
Sources:UNSD Environment Statistics Data.
Note: The total emissions exclude LULUCF.

附录3-7　续表 1　continued 1

国家或地区	Country or Area	最近年份 Latest Year Available	温室气体排放总量（千吨二氧化碳当量） Total GHG Emissions (1000 tonnes of CO_2 equivalent)	比1990年增减(%) % Change since 1990 (%)	人均温室气体排放量（吨二氧化碳当量/人） GHG Emissions per Capita (tonnes of CO_2 equivalent/person)
哥伦比亚	Colombia	2004	153885	29.61	3.66
科摩罗	Comoros	2000	285		0.53
刚果	Congo	2000	2065		0.66
库克群岛	Cook Islands	1994	80		4.21
哥斯达黎加	Costa Rica	2005	12114	98.87	2.83
科特迪瓦	Côte d'Ivoire	2000	271197		16.48
克罗地亚	Croatia	2018	23793	-25.36	5.72
古巴	Cuba	2002	36297	-23.81	3.24
塞浦路斯	Cyprus	2018	8812	54.85	7.41
捷克	Czechia	2018	127450	-35.37	11.95
朝鲜	Democratic People's Republic of Korea	2002	87330	-57.92	3.74
刚果民主共和国	Democratic Republic of the Congo	2003	45999		0.89
丹麦	Denmark	2018	49694	-30.01	8.64
吉布提	Djibouti	2000	1072		1.49
多米尼加	Dominica	2017	212		2.96
多米尼加共和国	Dominican Republic	2010	25231	99.60	2.60
厄瓜多尔	Ecuador	2012	60192	-66.31	3.89
埃及	Egypt	2005	241632	106.98	3.20
萨尔瓦多	El Salvador	2005	11069		1.83
厄立特里亚	Eritrea	2000	3934		1.72
爱沙尼亚	Estonia	2018	19974	-50.41	15.10
斯威士兰	Eswatini	1994	7539		8.31
埃塞俄比亚	Ethiopia	2013	94996	120.83	1.00
斐济	Fiji	2004	2710		3.31
芬兰	Finland	2018	56359	-20.69	10.21
法国	France	2018	452210	-17.99	6.96
加蓬	Gabon	2000	6160		5.01
冈比亚	Gambia	2000	19383		14.71
格鲁吉亚	Georgia	2013	16610	-57.07	4.10
德国	Germany	2018	858369	-31.30	10.33
加纳	Ghana	2006	18227	97.52	0.81
希腊	Greece	2018	92222	-10.73	8.76
格林纳达	Grenada	1994	1606		16.17
危地马拉	Guatemala	2005	22948	55.66	1.75
几内亚	Guinea	2000	47713		5.79
几内亚比绍	Guinea-Bissau	2010	13065		8.58
圭亚那	Guyana	2004	2891	13.24	3.88
海地	Haiti	2000	6683		0.79
洪都拉斯	Honduras	2015	15977		1.75

附录3-7 续表 2 continued 2

国家或地区	Country or Area	最近年份 Latest Year Available	温室气体排放总量(千吨二氧化碳当量) Total GHG Emissions (1000 tonnes of CO_2 equivalent)	比1990年增减(%) % Change since 1990 (%)	人均温室气体排放量(吨二氧化碳当量/人) GHG Emissions per Capita (tonnes of CO_2 equivalent/person)
匈牙利	Hungary	2018	63220	-32.71	6.51
冰岛	Iceland	2018	4857	30.11	14.42
印度	India	2010	2100850		1.70
印度尼西亚	Indonesia	2000	554333	107.76	2.62
伊朗	Iran (Islamic Republic of)	2000	483669		7.37
伊拉克	Iraq	1997	72658		3.39
爱尔兰	Ireland	2018	60935	9.85	12.65
以色列	Israel	2018	78698		9.39
意大利	Italy	2018	427529	-17.15	7.05
牙买加	Jamaica	2012	14918		5.25
日本	Japan	2018	1238343	-2.50	9.74
约旦	Jordan	2006	27752		4.63
哈萨克斯坦	Kazakhstan	2018	396570	-1.32	21.65
肯尼亚	Kenya	2010	49964		1.19
基里巴斯	Kiribati	2008	170		1.72
科威特	Kuwait	2016	86337		21.82
吉尔吉斯斯坦	Kyrgyzstan	2010	12774	-55.01	2.36
老挝	Lao People's Democratic Republic	2000	8898	29.59	1.67
拉脱维亚	Latvia	2018	11745	-55.32	6.09
黎巴嫩	Lebanon	2013	26135		4.42
莱索托	Lesotho	2000	3513		1.73
利比里亚	Liberia	2000	8022		2.82
列支敦士登	Liechtenstein	2018	181	-20.72	4.78
立陶宛	Lithuania	2018	20267	-57.79	7.23
卢森堡	Luxembourg	2018	10547	-17.22	17.46
马达加斯加	Madagascar	2010	27756		1.31
马拉维	Malawi	1994	7070	-12.11	0.73
马来西亚	Malaysia	2011	287740	327.12	10.04
马尔代夫	Maldives	2015	1536		3.38
马里	Mali	2010	52733		3.50
马耳他	Malta	2018	2186	-14.95	4.98
马绍尔群岛	Marshall Islands	2010	170		3.01
毛里塔尼亚	Mauritania	2000	6944		2.64
毛里求斯	Mauritius	2013	6591		5.25
墨西哥	Mexico	2013	605887	49.91	5.10
密克罗尼西亚	Micronesia (Federated States of)	2000	174		1.62
摩纳哥	Monaco	2018	87	-15.39	2.25
蒙古	Mongolia	2006	17711	-8.32	6.92
黑山	Montenegro	2011	3864	-32.29	6.18

附录3-7　续表 3　continued 3

国家或地区	Country or Area	最近年份 Latest Year Available	温室气体排放总量（千吨二氧化碳当量） Total GHG Emissions (1000 tonnes of CO_2 equivalent)	比1990年增减(%) % Change since 1990 (%)	人均温室气体排放量（吨二氧化碳当量/人） GHG Emissions per Capita (tonnes of CO_2 equivalent/person)
摩洛哥	Morocco	2012	96108		2.89
莫桑比克	Mozambique	1994	8224	21.24	0.55
缅甸	Myanmar	2005	38375		0.78
纳米比亚	Namibia	2000	9086		5.06
瑙鲁	Nauru	2010	42		4.21
尼泊尔	Nepal	2000	26031		1.09
荷兰	Netherlands	2018	187756	-14.94	11.01
新西兰	New Zealand	2018	78862	24.02	16.63
尼加拉瓜	Nicaragua	2000	11981		2.36
尼日尔	Niger	2008	15520	219.84	1.02
尼日利亚	Nigeria	2000	212444		1.74
纽埃	Niue	2009	26		16.08
北马其顿	North Macedonia	2009	11491	-13.32	5.55
挪威	Norway	2018	52022	1.09	9.75
阿曼	Oman	1994	20879		9.72
巴基斯坦	Pakistan	2015	394583		1.98
帕劳	Palau	2005	346		17.51
巴拿马	Panama	2000	9708		3.20
巴布亚新几内亚	Papua New Guinea	2000	10196		1.74
巴拉圭	Paraguay	2012	45231	-19.51	7.04
秘鲁	Peru	2012	84564		2.87
菲律宾	Philippines	2000	126879		1.63
波兰	Poland	2018	412856	-13.10	10.89
葡萄牙	Portugal	2018	67280	14.89	6.56
卡塔尔	Qatar	2007	61593		50.55
韩国	Republic of Korea	2016	693943	136.87	13.61
摩尔多瓦	Republic of Moldova	2013	12836	-70.44	3.15
罗马尼亚	Romania	2018	116115	-53.18	5.95
俄罗斯联邦	Russian Federation	2018	2220123	-30.35	15.23
卢旺达	Rwanda	2005	6180		0.70
圣基茨和尼维斯	Saint Kitts and Nevis	1994	164		3.95
圣卢西亚	Saint Lucia	2010	648		3.72
圣文森特和格林纳	Saint Vincent and the Grenadines	2004	381	-2.84	3.51
萨摩亚	Samoa	1994	561		3.32
圣马力诺	San Marino	2010	267		8.56
圣多美和普林西比	Sao Tome and Principe	2012	153		0.81
沙特阿拉伯	Saudi Arabia	2012	548263	231.74	18.81
塞内加尔	Senegal	2005	13580		1.22
塞尔维亚	Serbia	1998	66342	-17.90	6.85

附录3-7　续表 4　continued 4

国家或地区	Country or Area	最近年份 Latest Year Available	温室气体排放总量（千吨二氧化碳当量） Total GHG Emissions (1000 tonnes of CO_2 equivalent)	比1990年增减（%） % Change since 1990 (%)	人均温室气体排放量（吨二氧化碳当量/人） GHG Emissions per Capita (tonnes of CO_2 equivalent/person)
塞舌尔	Seychelles	2000	330		4.08
新加坡	Singapore	2012	48334		9.00
斯洛伐克	Slovakia	2018	43348	-41.04	7.95
斯洛文尼亚	Slovenia	2018	17502	-5.95	8.42
所罗门群岛	Solomon Islands	2010	619		1.17
南非	South Africa	1994	379837	9.35	9.36
南苏丹	South Sudan	2015	33638		3.14
西班牙	Spain	2018	334255	15.51	7.16
斯里兰卡	Sri Lanka	2000	18797		1.00
巴勒斯坦	State of Palestine	2011	3262		0.79
苏丹	Sudan	2000	67840		2.49
苏里南	Suriname	2003	3330		6.82
瑞典	Sweden	2018	51779	-27.26	5.19
瑞士	Switzerland	2018	46333	-13.85	5.43
叙利亚	Syrian Arab Republic	2005	79216		4.31
塔吉克斯坦	Tajikistan	2010	8184	-66.16	1.09
泰国	Thailand	2013	318661		4.68
东帝汶	Timor-Leste	2010	1277		1.17
多哥	Togo	2005	6158		1.10
汤加	Tonga	2006	192		1.89
特立尼达和多巴哥	Trinidad and Tobago	1990	16006		13.11
突尼斯	Tunisia	2000	34238		3.53
土耳其	Turkey	2018	520942	137.47	6.33
土库曼斯坦	Turkmenistan	2010	66367		13.05
图瓦卢	Tuvalu	2014	18		1.68
乌干达	Uganda	2000	27560		1.17
乌克兰	Ukraine	2018	339244	-63.99	7.67
阿拉伯联合酋长国	United Arab Emirates	2014	199879		21.69
英国	United Kingdom	2018	465932	-41.60	6.94
坦桑尼亚	United Republic of Tanzania	1994	39237	0.64	1.36
美国	United States of America	2018	6676650	3.72	20.41
乌拉圭	Uruguay	2017	32006	24.74	9.31
乌兹别克斯坦	Uzbekistan	2012	205270	13.84	6.97
瓦努阿图	Vanuatu	2000	586		3.17
委内瑞拉	Venezuela (Bolivarian Republic of)	1999	192192		8.10
越南	Viet Nam	2013	278442		3.07
也门	Yemen	2012	37943		1.55
赞比亚	Zambia	2000	14405		1.38
津巴布韦	Zimbabwe	2006	21185		1.74

附录3-8　能源供应与可再生电力生产(2017年)
Energy Supply and Renewable Electricity Production (2017)

国家或地区	Country or Area	能源供应量 (10^{15}焦耳) Energy Supply (Petajoules)	人均能源供应量 (10^{9}焦耳) Energy Supply per capita (Gigajoules)	可再生电力生产占比 (%) Contribution of Renewables to Electricity Production (%)
阿富汗	Afghanistan	123	3	84.70
阿尔巴尼亚	Albania	100	34	100.00
阿尔及利亚	Algeria	2289	55	0.84
安道尔	Andorra	9	117	83.96
安哥拉	Angola	618	21	71.40
安圭拉	Anguilla	2	136	
安提瓜和巴布达岛	Antigua and Barbuda	7	69	2.55
阿根廷	Argentina	3385	76	29.03
亚美尼亚	Armenia	137	47	29.28
阿鲁巴	Aruba	13	123	14.11
澳大利亚	Australia	5353	219	14.32
奥地利	Austria	1404	161	70.25
阿塞拜疆	Azerbaijan	602	61	7.42
巴哈马	Bahamas	29	72	
巴林	Bahrain	580	389	0.03
孟加拉国	Bangladesh	1925	12	1.67
巴巴多斯	Barbados	16	55	2.80
白俄罗斯	Belarus	1081	114	1.71
比利时	Belgium	2301	201	13.53
伯利兹	Belize	16	43	48.74
贝宁	Benin	213	19	1.81
百慕大	Bermuda	9	151	
不丹	Bhutan	67	83	99.99
玻利维亚	Bolivia (Plurinational State of)	371	34	23.13
波黑	Bosnia and Herzegovina	278	79	24.38
博茨瓦纳	Botswana	99	43	0.07
巴西	Brazil	12900	62	70.24
英属维尔京群岛	British Virgin Islands	2	77	0.67
文莱	Brunei Darussalam	153	356	0.05
保加利亚	Bulgaria	781	110	14.11
布基纳法索	Burkina Faso	185	10	12.51

资料来源：联合国统计司环境统计数据库。
Sources:UNSD Environment Statistics Data.

附录3-8 续表 1 continued 1

国家或地区	Country or Area	能源供应量 (10^{15}焦耳) Energy Supply (Petajoules)	人均能源供应量 (10^{9}焦耳) Energy Supply per capita (Gigajoules)	可再生电力生产占比 (%) Contribution of Renewables to Electricity Production (%)
布隆迪	Burundi	63	6	54.35
佛得角	Cabo Verde	10	18	16.87
柬埔寨	Cambodia	339	21	39.13
喀麦隆	Cameroon	388	16	51.31
加拿大	Canada	12088	330	64.59
开曼群岛	Cayman Islands	8	135	
中非共和国	Central African Republic	23	5	99.35
乍得	Chad	85	6	
智利	Chile	1603	89	36.28
中国香港	China, Hong Kong SAR	587	80	
中国澳门	China, Macao SAR	48	78	
哥伦比亚	Colombia	1677	34	76.52
科摩罗	Comoros	6	8	
刚果	Congo	124	24	44.23
库克群岛	Cook Islands	1	56	10.81
哥斯达黎加	Costa Rica	212	43	98.05
科特迪瓦	Cote d'Ivoire	458	19	20.23
克罗地亚	Croatia	364	87	56.66
古巴	Cuba	404	35	0.80
库拉索岛	Curaçao	76	473	38.61
塞浦路斯	Cyprus	94	79	7.65
捷克	Czech Republic	1818	171	6.81
刚果民主共和国	Democratic Republic of the Congo	1246	15	99.71
丹麦	Denmark	720	126	50.09
吉布提	Djibouti	9	9	
多米尼加	Dominica	2	33	20.77
多米尼加共和国	Dominican Republic	344	32	14.32
厄瓜多尔	Ecuador	615	37	72.05
埃及	Egypt	4012	41	8.02
萨尔瓦多	El Salvador	175	27	61.31
赤道几内亚	Equatorial Guinea	49	39	23.53
厄立特里亚	Eritrea	37	11	0.94
爱沙尼亚	Estonia	243	185	99.68
斯瓦蒂尼	Eswatini	44	39	5.80
埃塞俄比亚	Ethiopia	1534	15	28.26
法罗群岛	Faeroe Islands	10	210	51.20
福克兰群岛(马尔维纳斯群岛)	Falkland Islands (Malvinas)	1	183	25.00

附录3-8　续表 2　continued 2

国家或地区	Country or Area	能源供应量(10^{15}焦耳) Energy Supply (Petajoules)	人均能源供应量(10^{9}焦耳) Energy Supply per capita (Gigajoules)	可再生电力生产占比(%) Contribution of Renewables to Electricity Production (%)
斐济	Fiji	34	38	48.91
芬兰	Finland	1385	251	29.64
法国	France	10278	153	16.14
法属波利尼西亚	French Polynesia	11	40	37.07
加蓬	Gabon	109	54	39.23
冈比亚	Gambia	14	7	
佐治亚州	Georgia	204	52	80.63
德国	Germany	12999	158	26.48
加纳	Ghana	315	11	39.61
直布罗陀	Gibraltar	11	309	
希腊	Greece	966	87	24.55
格陵兰	Greenland	9	156	74.90
格林纳达	Grenada	4	40	
危地马拉	Guatemala	530	31	52.61
根西	Guernsey	1	18	
几内亚	Guinea	156	12	24.42
几内亚比绍	Guinea-Bissau	31	17	
圭亚那	Guyana	37	47	0.18
海地	Haiti	188	17	12.12
洪都拉斯	Honduras	252	27	50.11
匈牙利	Hungary	1115	115	4.29
冰岛	Iceland	327	977	99.99
印度	India	38083	28	15.73
印度尼西亚	Indonesia	9959	38	11.24
伊朗	Iran (Islamic Republic of)	10987	135	5.02
伊拉克	Iraq	2521	66	2.59
爱尔兰	Ireland	574	121	27.05
马恩岛	Isle of Man	4	53	
以色列	Israel	965	116	2.86
意大利	Italy	6437	108	29.41
牙买加	Jamaica	111	38	11.17
日本	Japan	18116	142	16.34
泽西	Jersey	3	29	
约旦	Jordan	384	40	5.19
哈萨克斯坦	Kazakhstan	3335	183	11.29
肯尼亚	Kenya	932	19	74.97
基里巴斯	Kiribati	1	12	16.13

附录3-8 续表 3 continued 3

国家或地区	Country or Area	能源供应量 (10^{15}焦耳) Energy Supply (Petajoules)	人均能源供应量 (10^{9}焦耳) Energy Supply per capita (Gigajoules)	可再生电力生产占比 (%) Contribution of Renewables to Electricity Production (%)
朝鲜	Korea, Democratic People's Republic of	307	12	78.48
韩国	Korea, Republic of	11821	232	3.23
科索沃	Kosovo	108	59	3.04
科威特	Kuwait	1584	383	0.00
吉尔吉斯斯坦	Kyrgyzstan	162	27	91.55
老挝	Lao People's Democratic Republic	237	35	62.97
拉脱维亚	Latvia	185	95	60.16
黎巴嫩	Lebanon	369	54	1.95
莱索托	Lesotho	48	21	99.80
利比里亚	Liberia	97	21	9.15
利比亚	Libya	555	87	0.02
列支敦士登	Liechtenstein	3	89	97.85
立陶宛	Lithuania	313	108	68.38
卢森堡	Luxembourg	160	274	79.01
马达加斯加	Madagascar	322	13	40.03
马拉维	Malawi	84	5	90.86
马来西亚	Malaysia	3482	110	16.36
马尔代夫	Maldives	22	43	2.44
马里	Mali	96	5	56.14
马耳他	Malta	29	66	9.42
马绍尔群岛	Marshall Islands	2	43	2.25
毛里塔尼亚	Mauritania	73	17	21.11
毛里求斯	Mauritius	69	55	4.60
墨西哥	Mexico	7622	59	15.36
密克罗尼西亚	Micronesia (Federated States of)	2	20	2.90
蒙古	Mongolia	395	128	
黑山	Montenegro	43	68	45.71
蒙特塞拉特岛	Montserrat		72	
摩洛哥	Morocco	869	24	19.03
莫桑比克	Mozambique	452	15	82.76
缅甸	Myanmar	854	16	56.10
纳米比亚	Namibia	82	32	96.02
瑙鲁	Nauru	1	55	2.78
尼泊尔	Nepal	571	19	100.00
荷兰	Netherlands	3085	181	11.05
新喀里多尼亚	New Caledonia	68	246	13.44
新西兰	New Zealand	955	203	79.97
尼加拉瓜	Nicaragua	167	27	41.28

附录3-8 续表 4 continued 4

国家或地区	Country or Area	能源供应量(10^{15}焦耳) Energy Supply (Petajoules)	人均能源供应量(10^{9}焦耳) Energy Supply per capita (Gigajoules)	可再生电力生产占比(%) Contribution of Renewables to Electricity Production (%)
尼日尔	Niger	85	4	2.65
尼日利亚	Nigeria	6568	34	17.22
纽埃	Niue		60	
北马其顿	North Macedonia	119	57	23.14
挪威	Norway	1235	233	97.84
阿曼	Oman	1102	238	
巴基斯坦	Pakistan	4280	22	27.69
帕劳	Palau	3	182	
巴拿马	Panama	197	48	71.58
巴布亚新几内亚	Papua New Guinea	168	20	28.70
巴拉圭	Paraguay	288	42	100.00
秘鲁	Peru	960	30	57.79
菲律宾	Philippines	2321	22	23.18
波兰	Poland	4384	115	10.66
葡萄牙	Portugal	951	92	35.48
波多黎各	Puerto Rico	50	16	2.23
卡塔尔	Qatar	1798	681	
摩尔多瓦	Republic of Moldova	114	28	73.57
罗马尼亚	Romania	1401	71	37.50
俄罗斯联邦	Russian Federation	31182	217	17.20
卢旺达	Rwanda	99	8	49.28
圣基茨岛和尼维斯	Saint Kitts and Nevis	3	63	5.07
圣露西亚	Saint Lucia	5	29	
圣皮埃尔和密克隆	Saint Pierre and Miquelon	1	171	
圣文森特和格林纳丁斯	Saint Vincent and the Grenadines	4	35	10.46
萨摩亚	Samoa	5	25	33.78
圣多美和普林西比	Sao Tome and Principe	3	14	7.78
沙特阿拉伯	Saudi Arabia	8946	272	0.00
塞内加尔	Senegal	168	11	2.96
塞尔维亚	Serbia	647	93	26.49
塞舌尔	Seychelles	8	86	1.95
塞拉利昂	Sierra Leone	68	9	72.28
新加坡	Singapore	1166	204	0.32
圣马丁岛(荷兰部分)	Sint Maarten (Dutch part)	12	292	
斯洛伐克	Slovakia	717	132	19.07
斯洛文尼亚	Slovenia	289	139	27.14
所罗门群岛	Solomon Islands	7	12	0.94

附录3-8 续表 5 continued 5

国家或地区	Country or Area	能源供应量 (10^{15}焦耳) Energy Supply (Petajoules)	人均能源供应量 (10^{9}焦耳) Energy Supply per capita (Gigajoules)	可再生电力生产占比 (%) Contribution of Renewables to Electricity Production (%)
索马里	Somalia	148	10	
南非	South Africa	5910	104	5.39
南苏丹	South Sudan	28	3	0.55
西班牙	Spain	5227	113	30.71
斯里兰卡	Sri Lanka	461	22	30.81
巴勒斯坦	State of Palestine	78	16	8.24
苏丹	Sudan	532	13	59.69
苏里南	Suriname	40	71	43.93
瑞典	Sweden	2033	205	50.54
瑞士	Switzerland	988	116	61.58
叙利亚	Syrian Arab Republic	374	20	4.14
塔吉克斯坦	Tajikistan	187	21	94.43
泰国	Thailand	5777	84	8.14
东帝汶	Timor-Leste	8	6	
多哥	Togo	154	20	29.71
汤加	Tonga	2	20	6.45
特立尼达和多巴哥	Trinidad and Tobago	703	514	0.04
突尼斯	Tunisia	473	41	4.04
土耳其	Turkey	6138	76	28.92
土库曼斯坦	Turkmenistan	1158	201	
特克斯和凯科斯群岛	Turks and Caicos Islands	3	91	0.84
乌干达	Uganda	693	16	89.83
乌克兰	Ukraine	3739	85	7.88
阿拉伯联合酋长国	United Arab Emirates	3042	324	0.59
英国	United Kingdom	7353	111	20.79
坦桑尼亚联合共和国	United Republic of Tanzania	855	15	29.69
美国	United States of America	90228	278	15.81
乌拉圭	Uruguay	217	63	80.43
乌兹别克斯坦	Uzbekistan	1880	59	13.81
瓦努阿图	Vanuatu	3	11	21.92
委内瑞拉	Venezuela (Bolivarian Republic of)	2064	65	53.50
越南	Viet Nam	2980	31	44.91
也门	Yemen	142	5	13.77
赞比亚	Zambia	501	29	85.99
津巴布韦	Zimbabwe	474	33	52.61

附录3-9 危险废物产生量
Hazardous Waste Generation

单位：千吨 (1000 tonnes)

国家或地区	Country or Area	1995	2000	2005	2010	2015	2016	2017
阿尔及利亚	Algeria	185.0						
安道尔	Andorra					1.8	1.9	1.5
亚美尼亚	Armenia		381.6	346.3	435.4	555.1	615.5	543.2
奥地利	Austria				1472.9		1261.0	
阿塞拜疆	Azerbaijan	27.0	26.6	12.8	140.0	262.6	632.6	266.0
巴林	Bahrain	136.0	140.0	38.2				
孟加拉国	Bangladesh							
白俄罗斯	Belarus	90.3	73.0	192.0	918.2	1207.8	1626.6	1668.1
比利时	Belgium				4767.3		3812.9	
伯利兹	Belize		0.8					
贝宁	Benin							
百慕大群岛	Bermuda				0.6	0.6	0.6	0.5
不丹	Bhutan							0.4
波黑	Bosnia and Herzegovina				10.3			
保加利亚	Bulgaria				13553.5		13328.4	
布基纳法索	Burkina Faso			0.4	0.0			
佛得角	Cabo Verde							
喀麦隆	Cameroon			9.4				
中国香港	China, Hong Kong SAR	97.1	91.6	47.1	40.8	33.7		
中国澳门	China, Macao SAR		4.2	5.9	12.4	23.7	21.1	19.8
克罗地亚	Croatia				72.6		174.3	
古巴	Cuba			941.4	660.8	302.9	230.9	235.1
塞浦路斯	Cyprus				23.8		159.1	
捷克	Czechia				1362.9		1088.7	
丹麦	Denmark				1224.8		2010.7	
多米尼加	Dominica							
爱沙尼亚	Estonia				8961.7		9682.2	
斐济	Fiji				3.5	11.9	13.0	14.3
芬兰	Finland				2559.4		2388.5	
法国	France				11538.1		11010.3	
法属圭亚那	French Guiana				0.6	1.2	8.6	

资料来源：联合国统计司环境统计数据库。
Sources:UNSD Environment Statistics Data.

附录3-9 续表 1 continued 1

单位：千吨 (1000 tonnes)

国家或地区	Country or Area	1995	2000	2005	2010	2015	2016	2017
德国	Germany				19931.5		23039.2	
希腊	Greece				291.8			
瓜德罗普岛	Guadeloupe				7.5	22.0	10.0	
危地马拉	Guatemala			599.0	301.4	11.4	4.9	15.6
匈牙利	Hungary				540.6		457.1	
冰岛	Iceland				8.3		47.9	
印度	India		7243.8			7803.5		7172.8
伊拉克	Iraq				15.5	20.6	29.7	16.2
爱尔兰	Ireland				1972.2		534.0	
意大利	Italy				8543.4		9707.0	
牙买加	Jamaica		10.0	10.0				
约旦	Jordan			71.4	62.0			
哈萨克斯坦	Kazakhstan			1684318.5	303117.0	251565.6	151391.1	126874.3
肯尼亚	Kenya							38.3
科威特	Kuwait							5.0
吉尔吉斯斯坦	Kyrgyzstan	472.3	6304.1	6206.2	5806.8	10498.9	12377.5	12648.2
拉脱维亚	Latvia				67.9		66.2	
黎巴嫩	Lebanon							
列支敦士登	Liechtenstein				28.2	7.8	8.7	
立陶宛	Lithuania				105.3		176.0	
卢森堡	Luxembourg				380.1		427.4	
马达加斯加	Madagascar							
马来西亚	Malaysia		344.6	548.9	3087.5	2918.5	2766.6	2017.3
马耳他	Malta				24.9		134.0	
马提尼克	Martinique				4.1	8.0	15.7	
毛里求斯	Mauritius				7.8	19.9	20.7	21.6
摩纳哥	Monaco	0.3	0.3	0.5		0.3	0.4	0.2
摩洛哥	Morocco		119.0					
缅甸	Myanmar					0.4	0.5	0.8
荷兰	Netherlands				4486.5		5134.2	
尼日尔	Niger			554.0				
北马其顿	North Macedonia				149.5		57.0	
挪威	Norway				1763.0		1621.1	

附录3-9 续表 2 continued 2

单位：千吨 (1000 tonnes)

国家或地区	Country or Area	1995	2000	2005	2010	2015	2016	2017
巴拿马	Panama	0.2	0.3	1.5	3.0			
菲律宾	Philippines				1346.5	4335.7	1485.8	2098.5
波兰	Poland				1491.8		1917.1	
葡萄牙	Portugal				681.2		834.6	
摩尔多瓦	Republic of Moldova	2.9	2.9	1.7	0.9	7.3	6.0	8.7
罗马尼亚	Romania				695.7		625.0	
俄罗斯联邦	Russian Federation			142496.7	114366.6	110084.1	98263.5	107196.3
留尼旺	Réunion		9.8		4.8	7.9	8.4	
沙特阿拉伯	Saudi Arabia						559.3	900.0
塞内加尔	Senegal							
塞尔维亚	Serbia				11161.2	16571.3		
新加坡	Singapore	64.9	121.5	339.0	434.0	446.9	479.0	471.5
斯洛伐克	Slovakia				415.5		496.1	
斯洛文尼亚	Slovenia				117.2		123.6	
南非	South Africa							52076.7
西班牙	Spain				2991.2		3183.8	
斯里兰卡	Sri Lanka							
巴勒斯坦	State of Palestine		5.0	5.7	4.1			
苏里南	Suriname				0.0	0.0	0.0	0.0
瑞典	Sweden				2527.8		2379.2	
叙利亚	Syrian Arab Republic							
泰国	Thailand		1650.0	1814.0		2800.0		
多哥	Togo							
特立尼达和多巴哥	Trinidad and Tobago			31.9		123.9		
突尼斯	Tunisia							
土耳其	Turkey				3225.8		5550.8	
乌克兰	Ukraine	3562.9	2613.2	2411.8	1660.0	587.3	621.0	605.3
英国	United Kingdom				5242.9		6086.6	
坦桑尼亚	United Republic of Tanzania	0.0	0.0	0.0	0.1	0.1		
乌兹别克斯坦	Uzbekistan					39.4	42.9	84.4
也门	Yemen	38.2						
赞比亚	Zambia		50.0	80.0				

附录3-10 城市垃圾处理
Municipal Waste Treatment

国家或地区	Country or Area	最近年份 Latest Year Available	城市垃圾收集量(千吨) Municipal Waste Collected (1000 tonnes)	填埋 Municipal Waste Landfilled (%)	焚烧 Municipal Waste Incinerated (%)	回收利用 Municipal Waste Recycled (%)	堆肥 Municipal Waste Composted (%)
阿尔巴尼亚	Albania	2017	1254	63.2	3.4		
阿尔及利亚	Algeria	2017	6000				
安道尔	Andorra	2017	43		77.1		
安哥拉	Angola	2006	5840				
安圭拉	Anguilla	2008	15	100.0			
安提瓜和巴布达	Antigua and Barbuda	2015	96	100.0			
阿根廷	Argentina	2012	5692				
亚美尼亚	Armenia	2017	494	100.0			
澳大利亚	Australia	2015	13345	48.6	9.4	42.0	
奥地利	Austria	2017	5018	2.1	38.7		
阿塞拜疆	Azerbaijan	2017	1576	61.9	33.4		
巴哈马	Bahamas	2006	227				
巴林	Bahrain	2017	2125				
孟加拉国	Bangladesh	2014	4842	84.2		15.0	
白俄罗斯	Belarus	2017	3813	77.6		17.1	
比利时	Belgium	2017	4659	0.9	43.0		
伯利兹	Belize	2000	69	100.0			
百慕大	Bermuda	2017	96	10.4	69.6	1.0	18.8
不丹	Bhutan	2017	41	60.0	15.0	15.0	1.0
玻利维亚	Bolivia (Plurinational State of)	2017	1522				
波黑	Bosnia and Herzegovina	2017	1235	76.6			
博茨瓦纳	Botswana	2017	241	98.9	0.4	0.6	
巴西	Brazil	2015	34019		0.0	3.0	0.8
英属维尔京群岛	British Virgin Islands	2005	37		80.3		
保加利亚	Bulgaria	2017	3080	61.8	3.3		
布基纳法索	Burkina Faso	2010					
布隆迪	Burundi	2017	39				
佛得角	Cabo Verde	2015	146	100.0			
柬埔寨	Cambodia	2012	461				
喀麦隆	Cameroon	2009	7249	99.6		0.4	
加拿大	Canada	2016					
智利	Chile	2014	7416	100.0			

资料来源：联合国统计司环境统计数据库。
Sources:UNSD Environment Statistics Data.

附录3-10 续表 1 continued 1

国家或地区	Country or Area	最近年份 Latest Year Available	城市垃圾收集量(千吨) Municipal Waste Collected (1 000 tonnes)	填埋 Municipal Waste Landfilled (%)	焚烧 Municipal Waste Incinerated (%)	回收利用 Municipal Waste Recycled (%)	堆肥 Municipal Waste Composted (%)
中国香港	China, Hong Kong SAR	2015	5741	64.6		35.4	
中国澳门	China, Macao SAR	2017					
哥伦比亚	Colombia	2016	11032				
哥斯达黎加	Costa Rica	2002	1280				
克罗地亚	Croatia	2017	1716	72.4	0.1		
古巴	Cuba	2017	5917	91.4		5.5	3.1
库拉索	Curaçao	2017	173	91.8	0.0	8.2	
塞浦路斯	Cyprus	2017	547	75.7	0.4		
捷克	Czechia	2017	3643	48.4	17.4		
刚果民主共和国	Democratic Republic of the Congo	2014	589168				
丹麦	Denmark	2017	4503	0.8	52.9		
多米尼克	Dominica	2005	21	100.0			
厄瓜多尔	Ecuador	2012	2756	6.7	0.0	1.8	2.7
埃及	Egypt	2012	94868	20.0		2.1	
萨尔瓦多	El Salvador	2013					
爱沙尼亚	Estonia	2017	514	19.1	42.2		
斐济	Fiji	2017	67067				
芬兰	Finland	2017	2812	0.9	58.5		
法国	France	2017	34393	21.6	35.5		
法属圭亚那	French Guiana	2015	111				
法属波利尼西亚	French Polynesia	2015	83				
格鲁吉亚	Georgia	2017	982				
德国	Germany	2017	52342	0.9	30.9		
加纳	Ghana	2017	4113	95.0		5.0	
希腊	Greece	2015	5249	84.3	0.3	12.8	2.6
瓜德罗普岛	Guadeloupe	2015	214				
危地马拉	Guatemala	2010					
洪都拉斯	Honduras	2013	670				
匈牙利	Hungary	2017	3768	48.4	16.1		
冰岛	Iceland	2017	225	63.6	3.6		
印度	India	2012					
印度尼西亚	Indonesia	2017	9537				
伊拉克	Iraq	2017	20373				
爱尔兰	Ireland	2016	2763	25.7	29.4		
以色列	Israel	2015	5126	80.0		15.7	4.4
意大利	Italy	2017	29583	23.4	19.0		
牙买加	Jamaica	2009					

附录3-10 续表 2 continued 2

国家或地区	Country or Area	最近年份 Latest Year Available	城市垃圾收集量(千吨) Municipal Waste Collected (1 000 tonnes)	填埋 Municipal Waste Landfilled (%)	焚烧 Municipal Waste Incinerated (%)	回收利用 Municipal Waste Recycled (%)	堆肥 Municipal Waste Composted (%)
日本	Japan	2016	43170	1.0	77.9	20.0	0.4
约旦	Jordan	2015	3458	99.4	0.6		
哈萨克斯坦	Kazakhstan	2017	3415	76.0		5.5	
肯尼亚	Kenya	2017	460	100.0			
科威特	Kuwait	2017	18398	92.7		7.3	
吉尔吉斯斯坦	Kyrgyzstan	2017	1404	100.0			
拉脱维亚	Latvia	2017	851	27.1	2.5		
黎巴嫩	Lebanon	2012	1940	81.0		8.0	11.0
列支敦士登	Liechtenstein	2017	34				16.5
立陶宛	Lithuania	2017	1286	32.7	18.4		
卢森堡	Luxembourg	2017	362	6.9	44.5		
马达加斯加	Madagascar	2007	419	96.7			3.5
马来西亚	Malaysia	2017	13672	79.0	0.0	21.0	
马尔代夫	Maldives	2014	325				
马耳他	Malta	2017	283	86.2			
马绍尔群岛	Marshall Islands	2007	26			30.8	6.0
马提尼克	Martinique	2015	192				
毛里求斯	Mauritius	2017	497	97.1			2.9
新墨西哥州	Mexico	2012	42103	95.0		5.0	
慕尼黑	Monaco	2017	41		100.0		
黑山	Montenegro	2012	280				
摩洛哥	Morocco	2015	5817	90.0		10.0	
尼泊尔	Nepal	2012	1	80.0		20.0	
荷兰	Netherlands	2017	8787	1.4	44.4		
新西兰	New Zealand	2017	3481	100.0			
尼日尔	Niger	2005	9750	64.0	12.0	4.0	
北马其顿	North Macedonia	2017	714	100.0			
挪威	Norway	2017	3949	3.5	52.9		
巴拿马	Panama	2015	702	100.0			
秘鲁	Peru	2017	6083			0.7	
波兰	Poland	2017	11969	41.8	24.4		
葡萄牙	Portugal	2017	5012	47.3	19.7		
卡塔尔	Qatar	2017	4064			6.6	
韩国	Republic of Korea	2016	19627	14.7	25.3	59.2	0.8
摩尔多瓦	Republic of Moldova	2017	3084	100.0			
罗马尼亚	Romania	2017	5325	70.8	4.3		
留尼汪	Réunion	2015	490				

附录3-10　续表 3　continued 3

国家或地区	Country or Area	最近年份 Latest Year Available	城市垃圾收集量（千吨） Municipal Waste Collected (1 000 tonnes)	填埋 Municipal Waste Landfilled (%)	焚烧 Municipal Waste Incinerated (%)	回收利用 Municipal Waste Recycled (%)	堆肥 Municipal Waste Composted (%)
圣卢西亚	Saint Lucia	2017	75	100.0			
圣文森特和格林纳丁斯	Saint Vincent and the Grenadines	2002	38	84.9		15.1	
萨摩亚	Samoa	2017	15	93.4		5.6	1.0
沙特阿拉伯	Saudi Arabia	2017					
塞内加尔	Senegal	2015					
塞尔维亚	Serbia	2015	1374	99.0		1.0	
塞拉利昂	Sierra Leone	2007					
新加坡	Singapore	2017	7806	2.9	36.6	60.5	
斯洛伐克	Slovakia	2017	2058	60.5	9.6		
斯洛文尼亚	Slovenia	2017	974	10.2	11.4		
南非	South Africa	2017					
西班牙	Spain	2017	21530	53.6	12.9		
斯里兰卡	Sri Lanka	2016	1378				
巴勒斯坦	State of Palestine	2016	1699				
苏里南	Suriname	2017	195	0.1			
瑞典	Sweden	2017	4551	0.4	52.7		
瑞士	Switzerland	2017	5992		47.5		
叙利亚	Syrian Arab Republic	2003					
泰国	Thailand	2017	21663	47.1	4.1	28.4	2.8
多哥	Togo	2012	197			2.0	1.8
特立尼达和多巴哥	Trinidad and Tobago	2002	425				
突尼斯	Tunisia	2004	1316	99.9			0.1
土耳其	Turkey	2017	34173	84.4			
乌干达	Uganda	2017	776				
乌克兰	Ukraine	2017	11271	57.4	2.2	0.1	0.1
阿拉伯联合酋长国	United Arab Emirates	2017	6411	72.0		18.3	2.7
英国	United Kingdom	2017	30911	16.9	37.5		
坦桑尼亚	United Republic of Tanzania	2015	513	17.6	0.1	0.6	1.8
美国	United States of America	2015	238045	52.5	12.8	25.8	8.9
乌拉圭	Uruguay	2000	910				
委内瑞拉	Venezuela (Bolivarian Republic of)	2016	24394				
越南	Viet Nam	2010					
也门	Yemen	2013	1581	100.0			
赞比亚	Zambia	2005	389				
津巴布韦	Zimbabwe	2017	733		1	6	0

附录3-11 农业用地

国家或地区	Country or Area	2019年 农业用地 (平方公里) Agricultural Land Area in 2019 (km^2)	比1990年 农业用地增减 (%) % Change of Agricultural Land Area since 1990 (%)
阿富汗	Afghanistan	380100	-0.1
阿尔巴尼亚	Albania	11740	4.7
阿尔及利亚	Algeria	413588	6.9
美属萨摩亚	American Samoa	40	26.5
安道尔	Andorra	188	-18.3
安哥拉	Angola	569525	-0.8
安提瓜和巴布达	Antigua and Barbuda	90	
阿根廷	Argentina	1083818	-15.0
亚美尼亚	Armenia	16770	
阿鲁巴	Aruba	20	
澳大利亚	Australia	3624770	-22.0
奥地利	Austria	26512	-12.3
阿塞拜疆	Azerbaijan	47798	
巴哈马	Bahamas	140	16.7
巴林	Bahrain	86	7.5
孟加拉国	Bangladesh	93970	-9.5
巴巴多斯	Barbados	100	-47.4
白俄罗斯	Belarus	83870	
比利时	Belgium	13564	
伯利兹	Belize	1720	36.5
贝宁	Benin	39500	74.0
百慕大	Bermuda	3	
不丹	Bhutan	5130	13.0
玻利维亚	Bolivia	377870	6.6
波黑	Bosnia and Herzegovina	22160	
博茨瓦纳	Botswana	258620	-0.6
巴西	Brazil	2368788	0.8
英属维尔京群岛	British Virgin Islands	70	-12.5
文莱	Brunei Darussalam	134	21.8
保加利亚	Bulgaria	50370	-18.2
布基纳法索	Burkina Faso	121000	26.4
布隆迪	Burundi	20330	-3.6
佛得角	Cabo Verde	790	16.2
柬埔寨	Cambodia	55660	24.9
喀麦隆	Cameroon	97500	6.3
加拿大	Canada	581570	-5.3
开曼群岛	Cayman Islands	27	

资料来源：联合国粮农组织。

Agricultural Land

2019年 耕地面积 （平方公里） Arable Land in 2019 (km²)	2019年 永久性作物面积 （平方公里） Land under Permanent Crops in 2019 (km²)	2019年 永久性牧草地面积 （平方公里） Land under Permanent Meadows and Pastures in 2019 (km²)	2019年 农业灌溉面积 （平方公里） Agricultural Area Actually Irrigated in 2019 (km²)
77880	2220	300000	22830
6100	860	4780	1790
75050	10120	328418	
32	8	1	
8		180	
49000	3150	517375	
40	10	40	
326328	10680	746810	
4448	600	11720	1552
20			
305730	3470	3315570	19550
13255	669	12588	
20961	2603	24234	14346
80	40	20	
16	30	40	
79670	8300	6000	55870
70	10	20	
57130	1070	25680	303
8573	237	4755	
900	320	500	
28000	6000	5500	
3			
940	60	4130	
45400	2470	330000	
10150	1060	10950	
2600	20	256000	
557620	77560	1733608	
10	10	50	
40	60	34	
34760	1530	14080	
60000	1000	60000	
12000	3500	4830	
500	40	250	
38760	1900	15000	
62000	15500	20000	
386480	1670	193420	
2	5	20	

Sources: Food and Agriculture Organization of the United Nations (FAO).

附录3-11 续表 1

国家或地区	Country or Area	2019年农业用地(平方公里) Agricultural Land Area in 2019 (km²)	比1990年农业用地增减(%) % Change of Agricultural Land Area since 1990 (%)
中非共和国	Central African Republic	50800	1.5
乍得	Chad	502380	4.0
海峡群岛	Channel Islands	86	0.8
智利	Chile	156710	-1.4
中国香港	China, Hong Kong Special Administrative Region	50	-37.5
中国台湾	China, Taiwan Province of	7902	-11.2
哥伦比亚	Colombia	496960	10.2
科摩罗	Comoros	1310	14.9
刚果	Congo	106280	1.0
库克群岛	Cook Islands	15	-75.0
哥斯达黎加	Costa Rica	17755	-19.2
科特迪瓦	Côte d'Ivoire	212000	12.0
克罗地亚	Croatia	15040	
古巴	Cuba	64010	-5.0
塞浦路斯	Cyprus	1252	-22.0
捷克	Czech Republic	35237	
朝鲜	Democratic People's Republic of Korea	26300	4.4
刚果民主共和国	Democratic Republic of the Congo	315000	21.3
丹麦	Denmark	26260	-5.8
吉布提	Djibouti	17020	31.0
多米尼加	Dominica	250	38.9
多米尼加共和国	Dominican Republic	24290	-4.6
厄瓜多尔	Ecuador	53300	-32.1
埃及	Egypt	38360	44.9
萨尔瓦多	El Salvador	11957	-11.6
赤道几内亚	Equatorial Guinea	2840	-15.0
厄立特里亚	Eritrea	75920	
爱沙尼亚	Estonia	9884	
斯威士兰	Eswatini	12220	-1.3
埃塞俄比亚	Ethiopia	379030	
福克兰群岛	Falkland Islands (Malvinas)	11297	-5.1
法罗群岛	Faroe Islands	30	
斐济	Fiji	4250	3.7
芬兰	Finland	22740	-5.0
法国	France	286212	-6.4
法属圭亚那	French Guyana	325	54.9
法属波利尼西亚	French Polynesia	455	5.8
加蓬	Gabon	22126	10.3

continued 1

2019年 耕地面积 (平方公里) Arable Land in 2019 (km^2)	2019年 永久性作物面积 (平方公里) Land under Permanent Crops in 2019 (km^2)	2019年 牧草地面积 (平方公里) Land under Permanent Meadows and Pastures in 2019 (km^2)	2019年 农业灌溉面积 (平方公里) Agricultural Area Actually Irrigated in 2019 (km^2)
18000	800	32000	
52000	380	450000	
36		49	
11680	4880	140150	
30	10	10	
5902	2000		
59710	39010	398240	
660	500	150	
5500	780	100000	
10	5		
2545	3210	12000	
35000	45000	132000	
8230	740	6070	
30096	6530	27384	
963	274	16	
24845	473	9918	250
22800	3000	500	
118000	15000	182000	
23932	260	2070	3540
20		17000	
60	170	20	
8770	3550	11970	
9890	14400	29010	7800
29110	9250		
7210	1600	3147	254
1200	600	1040	
6900	20	69000	
6928	40	2917	
1750	150	10320	
161870	17160	200000	
		11297	
30			
1650	850	1750	
22450	50	240	
180650	10104	95458	
133	55	137	
25	230	200	
3250	1700	17176	

附录3-11 续表 2

国家或地区	Country or Area	2019年农业用地(平方公里) Agricultural Land Area in 2019 (km²)	比1990年农业用地增减(%) % Change of Agricultural Land Area since 1990 (%)
冈比亚	Gambia	6050	3.2
格鲁吉亚	Georgia	23678	
德国	Germany	166660	-7.6
加纳	Ghana	126037	0.0
希腊	Greece	61036	-33.8
格陵兰	Greenland	2431	2.7
格林纳达	Grenada	80	-38.5
瓜德罗普	Guadeloupe	497	-6.2
关岛	Guam	160	-20.0
危地马拉	Guatemala	38560	-10.0
几内亚	Guinea	145000	2.5
几内亚比绍	Guinea-Bissau	8151	-43.7
圭亚那	Guyana	12413	14.6
海地	Haiti	18400	15.2
洪都拉斯	Honduras	35110	5.8
匈牙利	Hungary	52780	-18.5
冰岛	Iceland	18720	-1.5
印度	India	1795780	-1.0
印度尼西亚	Indonesia	623000	38.2
伊朗	Iran (Islamic Republic of)	470130	-23.6
伊拉克	Iraq	92500	0.2
爱尔兰	Ireland	45240	-19.9
马恩岛	Isle of Man	413	4.3
以色列	Israel	6384	10.3
意大利	Italy	131210	-22.1
牙买加	Jamaica	4440	-6.7
日本	Japan	43970	-22.8
约旦	Jordan	10303	-1.0
哈萨克斯坦	Kazakhstan	2144532	
肯尼亚	Kenya	276300	3.2
基里巴斯	Kiribati	340	-12.8
科威特	Kuwait	1500	6.4
吉尔吉斯斯坦	Kyrgyzstan	103684	
老挝	Lao People's Democratic Republic	23940	44.2
拉脱维亚	Latvia	19600	
黎巴嫩	Lebanon	6580	8.8
莱索托	Lesotho	21420	-7.7
利比里亚	Liberia	19540	-21.6

continued 2

2019年 耕地面积 (平方公里) Arable Land in 2019 (km²)	2019年 永久性作物面积 (平方公里) Land under Permanent Crops in 2019 (km²)	2019年 牧草地面积 (平方公里) Land under Permanent Meadows and Pastures in 2019 (km²)	2019年 农业灌溉面积 (平方公里) Agricultural Area Actually Irrigated in 2019 (km²)
4400	50	1600	
3070	1208	19400	
117140	2000	47510	
33160	19050	73827	
21366	10850	28820	
		2431	
30	40	10	
223	29	246	
10	70	80	
8620	11830	18110	
31000	7000	107000	
3000	2500	2651	
4200	400	7813	
10700	2800	4900	
10200	5760	19150	
43170	1710	7900	1011
1210		17510	1
1560670	132500	102610	
263000	250000	110000	
156450	18910	294770	79721
50000	2500	40000	
4430	10	40800	
241		172	
3780	1004	1600	2861
69142	24149	37919	
1200	950	2290	
41240	2730		
2086	797	7420	801
298572	1320	1844640	17794
58000	5300	213000	
20	320		
80	60	1360	
12874	766	90044	10042
15500	1690	6750	
13190	90	6320	
1320	1260	4000	
1380	40	20000	
5000	2000	12540	

附录3-11 续表 3

国家或地区	Country or Area	2019年农业用地(平方公里) Agricultural Land Area in 2019 (km^2)	比1990年农业用地增减(%) % Change of Agricultural Land Area since 1990 (%)
利比亚	Libya	153500	-0.7
列支敦士登	Liechtenstein	53	-24.7
立陶宛	Lithuania	29750	
卢森堡	Luxembourg	1316	
马达加斯加	Madagascar	408950	12.6
马拉维	Malawi	56500	33.9
马来西亚	Malaysia	85710	26.9
马尔代夫	Maldives	64	-20.0
马里	Mali	412010	28.2
马耳他	Malta	104	-20.2
马绍尔群岛	Marshall Islands	86	
马提尼克	Martinique	313	-19.7
毛里塔尼亚	Mauritania	396610	0.0
毛里求斯	Mauritius	860	-22.5
马约特岛	Mayotte	200	11.0
墨西哥	Mexico	961060	-8.6
密克罗尼西亚	Micronesia (Federated States of)	220	
蒙古	Mongolia	1133735	-9.8
黑山	Montenegro	2570	
蒙特塞拉特	Montserrat	30	
摩洛哥	Morocco	296119	-2.4
莫桑比克	Mozambique	414138	17.5
缅甸	Myanmar	127984	22.7
纳米比亚	Namibia	388100	0.4
瑙鲁	Nauru	4	
尼泊尔	Nepal	41210	-0.6
荷兰	Netherlands	18168	-9.4
新喀里多尼亚	New Caledonia	1840	-20.7
新西兰	New Zealand	103450	-36.1
尼加拉瓜	Nicaragua	50650	25.8
尼日尔	Niger	466000	41.0
尼日利亚	Nigeria	691235	12.2
纽埃	Niue	50	4.2
诺福克岛	Norfolk Island	10	
北马其顿	North Macedonia	12650	
北马里亚纳群岛	Northern Mariana Islands	5	
挪威	Norway	9818	0.6
阿曼	Oman	14614	35.3
巴基斯坦	Pakistan	363000	3.1

continued 3

2019年 耕地面积 (平方公里) Arable Land in 2019 (km^2)	2019年 永久性作物面积 (平方公里) Land under Permanent Crops in 2019 (km^2)	2019年 牧草地面积 (平方公里) Land under Permanent Meadows and Pastures in 2019 (km^2)	2019年 农业灌溉面积 (平方公里) Agricultural Area Actually Irrigated in 2019 (km^2)
17200	3300	133000	
15		38	
22119	351	7280	
620	16	679	
30000	6000	372950	
36000	2000	18500	
8260	74600	2850	
39	15	10	
64110	1500	346400	
91	13		35
20	65	1	
109	47	157	
4000	110	392500	
750	40	70	156
173	27	0	
194000	27290	739770	57970
20	170	30	
13288	50	1120397	473
90	60	2430	
20		10	
68990	17129	210000	17645
56500	3000	354638	
109904	15100	2980	13885
8000	100	380000	
	4		
21137	2120	17953	
10111	377	7680	
60	37	1743	
5460	740	97250	
15040	2860	32750	
177000	1180	287820	
340000	65000	286235	
10	30	10	
		10	
4190	410	8050	
1	1	4	
7999	31	1788	
778	326	13510	1009
305070	7930	50000	193200

附录3-11 续表 4

国家或地区	Country or Area	2019年农业用地(平方公里) Agricultural Land Area in 2019 (km^2)	比1990年农业用地增减(%) % Change of Agricultural Land Area since 1990 (%)
帕劳	Palau	43	
巴勒斯坦	Palestine	4620	-7.8
巴拿马	Panama	22590	6.4
巴布亚新几内亚	Papua New Guinea	11900	35.7
巴拉圭	Paraguay	218240	53.9
秘鲁	Peru	244783	12.1
菲律宾	Philippines	124400	11.7
波兰	Poland	145230	-22.7
葡萄牙	Portugal	35740	-9.8
波多黎各	Puerto Rico	1679	-61.4
卡塔尔	Qatar	670	9.8
韩国	Republic of Korea	16370	-24.9
摩尔多瓦	Republic of Moldova	22616	
留尼汪	Réunion	479	-25.1
罗马尼亚	Romania	138260	-6.4
俄罗斯联邦	Russian Federation	2154940	
卢旺达	Rwanda	18117	-3.6
圣赫勒拿	Saint Helena, Ascension and Tristan da Cunha	120	20.0
圣基茨和尼维斯	Saint Kitts and Nevis	60	-50.0
圣卢西亚	Saint Lucia	106	-49.3
圣皮埃尔和密克隆	Saint Pierre and Miquelon	20	-33.3
圣文森特和格林纳丁斯	Saint Vincent and the Grenadines	70	-33.8
萨摩亚	Samoa	757	40.2
圣马力诺	San Marino	23	130.0
圣多美和普林西比	Sao Tome and Principe	440	4.8
沙特阿拉伯	Saudi Arabia	1735980	40.6
塞内加尔	Senegal	88780	0.1
塞尔维亚	Serbia	34820	
塞舌尔	Seychelles	16	-61.3
塞拉利昂	Sierra Leone	39490	39.8
新加坡	Singapore	7	-67.0
斯洛伐克	Slovakia	18850	
斯洛文尼亚	Slovenia	6123	
所罗门群岛	Solomon Islands	1170	72.1
索马里	Somalia	441250	0.2
南非	South Africa	963410	0.8
南苏丹	South Sudan	282509	
西班牙	Spain	262067	-14.0

continued 4

2019年 耕地面积 （平方公里） Arable Land in 2019 (km^2)	2019年 永久性作物面积 （平方公里） Land under Permanent Crops in 2019 (km^2)	2019年 牧草地面积 （平方公里） Land under Permanent Meadows and Pastures in 2019 (km^2)	2019年 农业灌溉面积 （平方公里） Agricultural Area Actually Irrigated in 2019 (km^2)
3	20	20	
870	980	2770	
5650	1850	15090	
3000	7000	1900	
47340	900	170000	
42993	13790	188000	
55900	53500	15000	
110550	3400	31280	
9192	7790	18759	
502	150	1027	
140	30	500	120
13640	2170	560	
16899	2318	3399	2220
342	30	108	
89660	4120	44480	2870
1216490	17930	920520	
11517	2500	4100	
40		80	
50	1	9	
30	70	6	
20			
20	30	20	
325	311	121	
20	3		
40	390	10	
34410	1570	1700000	
32000	780	56000	
25790	2060	6750	470
2	14		
15840	1650	22000	
6			
13490	180	5180	202
1812	532	3778	32
200	890	80	
11000	250	430000	
120000	4130	839280	
		257732	
118123	49475	94469	37580

附录3-11 续表 5

国家或地区	Country or Area	2019年农业用地(平方公里) Agricultural Land Area in 2019 (km^2)	比1990年农业用地增减(%) % Change of Agricultural Land Area since 1990 (%)
斯里兰卡	Sri Lanka	28116	20.2
苏丹	Sudan	681862	
苏里南	Suriname	840	-4.5
瑞典	Sweden	30048	-12.0
瑞士	Switzerland	15072	-6.1
叙利亚	Syrian Arab Republic	139210	3.2
塔吉克斯坦	Tajikistan	47277	
泰国	Thailand	221100	3.4
东帝汶	Timor-Leste	3800	19.5
多哥	Togo	38200	19.7
托克劳群岛	Tokelau	6	20.0
汤加	Tonga	350	9.4
特立尼达和多巴哥	Trinidad and Tobago	540	-29.9
突尼斯	Tunisia	97430	12.7
土耳其	Turkey	377160	-4.9
土库曼斯坦	Turkmenistan	338380	
特克斯和凯科斯群岛	Turks and Caicos Islands	10	
图瓦卢	Tuvalu	18	-10.0
乌干达	Uganda	144150	20.5
乌克兰	Ukraine	413110	
阿拉伯联合酋长国	United Arab Emirates	3904	37.0
英国	United Kingdom	175213	-3.7
坦桑尼亚	United Republic of Tanzania	396500	27.1
美国	United States of America	4058104	-5.0
美属维尔京群岛	United States Virgin Islands	33	-67.0
乌拉圭	Uruguay	140470	-5.8
乌兹别克斯坦	Uzbekistan	255553	
瓦努阿图	Vanuatu	1870	23.0
委内瑞拉	Venezuela (Bolivarian Republic of)	215000	-1.6
越南	Viet Nam	123880	84.2
瓦利斯和富图纳群岛	Wallis and Futuna Islands	60	
西撒哈拉	Western Sahara	50040	
也门	Yemen	234520	-0.7
赞比亚	Zambia	238360	14.5
津巴布韦	Zimbabwe	162000	24.5

continued 5

2019年 耕地面积 （平方公里） Arable Land in 2019 (km²)	2019年 永久性作物面积 （平方公里） Land under Permanent Crops in 2019 (km²)	2019年 牧草地面积 （平方公里） Land under Permanent Meadows and Pastures in 2019 (km²)	2019年 农业灌溉面积 （平方公里） Agricultural Area Actually Irrigated in 2019 (km²)
13716	10000	4400	
198232	1680	481950	
620	60	160	630
25401	34	4613	
3988	250	10833	
46620	10710	81880	
6999	1528	38750	5685
168100	45000	8000	
1550	750	1500	
26500	1700	10000	
	6		
200	110	40	
250	220	70	
26070	23860	47500	
195800	35190	146170	52150
19400	600	318380	
10			
	18		
69000	22000	53150	
329240	8530	75340	3770
499	406	3000	904
60856	459	113898	
135000	21500	240000	
1577368	27000	2453736	
8	2	22	
20080	390	120000	
40335	4038	211180	
200	1250	420	
26000	7000	182000	
67840	49620	6420	
10	50		
40		50000	
11580	2940	220000	
38000	360	200000	
40000	1000	121000	

附录3-12　森林面积
Forest Area

国家或地区	Country or Area	2000年森林面积 (平方公里) Forest Area in 2000 (km²)	2020年森林面积 (平方公里) Forest Area in 2020 (km²)	比2000年增减 (%) % Change since 2000 (%)	2020年森林面积占陆地总面积的比例 (%) Forest Area as A Proportion of Total Land Area in 2020 (%)
阿富汗	Afghanistan	12084	12084		1.9
阿尔巴尼亚	Albania	7693	7889	2.5	28.8
阿尔及利亚	Algeria	15790	19490	23.4	0.8
美属萨摩亚	American Samoa	177	171	-3.4	85.7
安道尔	Andorra	160	160		34.0
安哥拉	Angola	777086	666074	-14.3	53.4
安圭拉	Anguilla	55	55		61.1
安提瓜和巴布达	Antigua and Barbuda	95	81	-14.1	18.5
阿根廷	Argentina	333780	285730	-14.4	10.4
亚美尼亚	Armenia	3326	3285	-1.3	11.5
阿鲁巴	Aruba	4	4		2.3
澳大利亚	Australia	1318141	1340051	1.7	17.4
奥地利	Austria	38381	38992	1.6	47.3
阿塞拜疆	Azerbaijan	9872	11318	14.6	13.7
巴哈马	Bahamas	5099	5099		50.9
巴林	Bahrain	4	7	89.2	0.9
孟加拉国	Bangladesh	19203	18834	-1.9	14.5
巴巴多斯	Barbados	63	63		14.7
白俄罗斯	Belarus	82730	87676	6.0	43.2
比利时	Belgium	6673	6893	3.3	22.8
伯利兹	Belize	14593	12771	-12.5	56.0
贝宁	Benin	41352	31352	-24.2	27.8
百慕大	Bermuda	10	10		18.5
不丹	Bhutan	26060	27251	4.6	71.4
玻利维亚	Bolivia	551014	508338	-7.7	46.9
荷兰加勒比区	Bonaire, Sint Eustatius and Saba	19	19		5.9
波黑	Bosnia and Herzegovina	21117	21879	3.6	42.7
博茨瓦纳	Botswana	176207	152547	-13.4	26.9
巴西	Brazil	5510886	4966196	-9.9	59.4
英属维尔京群岛	British Virgin Islands	37	36	-1.4	24.1
文莱	Brunei Darussalam	3970	3800	-4.3	72.1
保加利亚	Bulgaria	33750	38930	15.3	35.9
布基纳法索	Burkina Faso	72165	62164	-13.9	22.7
布隆迪	Burundi	1939	2796	44.2	10.9
佛得角	Cabo Verde	397	457	15.1	11.3
柬埔寨	Cambodia	107810	80684	-25.2	45.7

资料来源：联合国可持续发展目标数据库。
Sources: UNSD Sustainable Development Goals Database.

附录3-12 续表 1 continued 1

国家或地区	Country or Area	2000年森林面积 (平方公里) Forest Area in 2000 (km²)	2020年森林面积 (平方公里) Forest Area in 2020 (km²)	比2000年增减 (%) % Change since 2000 (%)	2020年森林面积占陆地总面积的比例 (%) Forest Area as A Proportion of Total Land Area in 2020 (%)
喀麦隆	Cameroon	215975	203405	-5.8	43.0
加拿大	Canada	3478020	3469281	-0.3	38.7
开曼群岛	Cayman Islands	129	127	-1.6	53.0
中非共和国	Central African Republic	229030	223030	-2.6	35.8
乍得	Chad	63530	43130	-32.1	3.4
智利	Chile	158171	182107	15.1	24.5
哥伦比亚	Colombia	627355	591419	-5.7	53.3
科摩罗	Comoros	417	329	-21.0	17.7
刚果	Congo	221950	219460	-1.1	64.3
库克群岛	Cook Islands	156	156	0.1	65.0
哥斯达黎加	Costa Rica	28572	30349	6.2	59.4
科特迪瓦	Côte d'Ivoire	50945	28367	-44.3	8.9
克罗地亚	Croatia	18850	19391	2.9	34.6
古巴	Cuba	24350	32420	33.1	31.2
库拉索	Curaçao	1	1		0.2
塞浦路斯	Cyprus	1716	1725	0.5	18.7
捷克	Czech Republic	26373	26771	1.5	34.7
朝鲜	Democratic People's Republic of Korea	64547	60301	-6.6	50.1
刚果民主共和国	Democratic Republic of the Congo	1438990	1261552	-12.3	55.6
丹麦	Denmark	5716	6284	9.9	15.7
吉布提	Djibouti	56	58	3.6	0.3
多米尼加	Dominica	479	479		63.8
多米尼加共和国	Dominican Republic	19725	21441	8.7	44.4
厄瓜多尔	Ecuador	137305	124978	-9.0	50.3
埃及	Egypt	592	450	-24.0	0.0
萨尔瓦多	El Salvador	6739	5839	-13.4	28.2
赤道几内亚	Equatorial Guinea	26156	24484	-6.4	87.3
厄立特里亚	Eritrea	11185	10553	-5.7	10.4
爱沙尼亚	Estonia	22389	24384	8.9	56.1
斯瓦蒂尼	Eswatini	4733	4976	5.1	28.9
埃塞俄比亚	Ethiopia	185285	170685	-7.9	15.1
福克兰群岛	Falkland Islands (Malvinas)				
法罗群岛	Faroe Islands	1	1		0.1
斐济	Fiji	10065	11400	13.3	62.4
芬兰	Finland	224456	224090	-0.2	73.7

附录3-12　续表 2　continued 2

国家或地区	Country or Area	2000年森林面积（平方公里）Forest Area in 2000 (km²)	2020年森林面积（平方公里）Forest Area in 2020 (km²)	比2000年增减(%) % Change since 2000 (%)	2020年森林面积占陆地总面积的比例(%) Forest Area as A Proportion of Total Land Area in 2020 (%)
法国	France	152880	172530	12.9	31.5
法属圭亚那	French Guiana	80794	80029	-0.9	96.6
法属波利尼西亚	French Polynesia	1486	1495	0.6	43.1
加蓬	Gabon	237000	235306	-0.7	91.3
冈比亚	Gambia	3573	2427	-32.1	24.0
格鲁吉亚	Georgia	27606	28224	2.2	40.6
德国	Germany	113540	114190	0.6	32.7
加纳	Ghana	88486	79857	-9.8	35.1
直布罗陀	Gibraltar				
希腊	Greece	36002	39018	8.4	30.3
格陵兰	Greenland	2	2		0.0
格林纳达	Grenada	177	177		52.1
瓜德鲁普	Guadeloupe	723	719	-0.5	44.4
关岛	Guam	240	280	16.7	51.9
危地马拉	Guatemala	42092	35278	-16.2	32.9
根西	Guernsey	2	4	82.6	5.4
几内亚	Guinea	69290	61890	-10.7	25.2
几内亚比绍	Guinea-Bissau	21489	19800	-7.9	70.4
圭亚那	Guyana	185642	184153	-0.8	93.6
海地	Haiti	3807	3473	-8.8	12.6
梵蒂冈	Holy See				
洪都拉斯	Honduras	67783	63593	-6.2	56.8
匈牙利	Hungary	19212	20530	6.9	22.5
冰岛	Iceland	298	514	72.1	0.5
印度	India	675910	721600	6.8	24.3
印度尼西亚	Indonesia	1012800	921332	-9.0	49.1
伊朗	Iran (Islamic Republic of)	93257	107519	15.3	6.6
伊拉克	Iraq	8180	8250	0.9	1.9
爱尔兰	Ireland	6304	7820	24.1	11.4
马恩岛	Isle of Man	35	35		6.1
以色列	Israel	1530	1400	-8.5	6.5
意大利	Italy	83693	95661	14.3	32.3
牙买加	Jamaica	5210	5969	14.6	55.1
日本	Japan	248760	249350	0.2	68.4
泽西岛	Jersey	6	6		5.0

附录3-12　续表 3　continued 3

国家或地区	Country or Area	2000年森林面积 (平方公里) Forest Area in 2000 (km²)	2020年森林面积 (平方公里) Forest Area in 2020 (km²)	比2000年增减 (%) % Change since 2000 (%)	2020年森林面积占陆地总面积的比例 (%) Forest Area as A Proportion of Total Land Area in 2020 (%)
约旦	Jordan	975	975		1.1
哈萨克斯坦	Kazakhstan	31569	34547	9.4	1.3
肯尼亚	Kenya	39612	36111	-8.8	6.3
基里巴斯	Kiribati	12	12		1.5
科威特	Kuwait	49	63	28.9	0.4
吉尔吉斯斯坦	Kyrgyzstan	11809	13154	11.4	6.9
老挝	Lao People's Democratic Republic	174250	165955	-4.8	71.9
拉脱维亚	Latvia	32410	34108	5.2	54.9
黎巴嫩	Lebanon	1382	1433	3.7	14.0
莱索托	Lesotho	345	345		1.1
利比里亚	Liberia	82226	76174	-7.4	79.1
利比亚	Libya	2170	2170		0.1
列支敦士登	Liechtenstein	67	67		41.9
立陶宛	Lithuania	20200	22010	9.0	35.1
卢森堡	Luxembourg	867	887	2.3	36.5
马达加斯加	Madagascar	130307	124298	-4.6	21.4
马拉维	Malawi	30817	22417	-27.3	23.8
马来西亚	Malaysia	196914	191140	-2.9	58.2
马尔代夫	Maldives	8	8		2.7
马里	Mali	132960	132960		10.9
马耳他	Malta	4	5	31.4	1.4
马绍尔群岛	Marshall Islands	94	94		52.2
马提尼克	Martinique	487	523	7.3	49.3
毛里塔尼亚	Mauritania	4216	3128	-25.8	0.3
毛里求斯	Mauritius	419	388	-7.5	19.1
马约特岛	Mayotte	157	139	-11.4	37.1
墨西哥	Mexico	683814	656921	-3.9	33.8
密克罗尼西亚	Micronesia (Federated States of)	639	644	0.9	92.0
摩纳哥	Monaco				
蒙古	Mongolia	142639	141728	-0.6	9.1
黑山	Montenegro	6260	8270	32.1	61.5
蒙特塞拉特	Montserrat	25	25		25.0
摩洛哥	Morocco	55065	57425	4.3	12.9

附录3-12 续表 4 continued 4

国家或地区	Country or Area	2000年森林面积(平方公里) Forest Area in 2000 (km²)	2020年森林面积(平方公里) Forest Area in 2020 (km²)	比2000年增减(%) % Change since 2000 (%)	2020年森林面积占陆地总面积的比例(%) Forest Area as A Proportion of Total Land Area in 2020 (%)
莫桑比克	Mozambique	411880	367438	-10.8	46.7
缅甸	Myanmar	348681	285439	-18.1	43.7
纳米比亚	Namibia	80591	66389	-17.6	8.1
瑙鲁	Nauru				
尼泊尔	Nepal	59708	59620	-0.1	41.6
荷兰	Netherlands	3595	3695	2.8	11.0
新喀里多尼亚	New Caledonia	8379	8380	0.0	45.8
新西兰	New Zealand	98504	98926	0.4	37.6
尼加拉瓜	Nicaragua	53993	34075	-36.9	28.3
尼日尔	Niger	13281	10797	-18.7	0.9
尼日利亚	Nigeria	248930	216270	-13.1	23.7
纽埃	Niue	188	189	0.2	72.6
诺福克岛	Norfolk Island	5	5		12.3
北马其顿	North Macedonia	9576	10015	4.6	39.7
北马里亚纳群岛	Northern Mariana Islands	320	244	-23.8	53.0
挪威	Norway	121130	121800	0.6	40.1
阿曼	Oman	30	25	-16.7	0.0
巴基斯坦	Pakistan	45113	37259	-17.4	4.8
帕劳	Palau	396	414	4.6	90.0
巴拿马	Panama	44421	42138	-5.1	56.8
巴布亚新几内亚	Papua New Guinea	362780	358558	-1.2	79.2
巴拉圭	Paraguay	229917	161023	-30.0	40.5
秘鲁	Peru	752978	723304	-3.9	56.5
菲律宾	Philippines	73093	71886	-1.7	24.1
皮特凯恩	Pitcairn	35	35		74.5
波兰	Poland	90590	94830	4.7	31.0
葡萄牙	Portugal	32810	33120	0.9	36.2
波多黎各	Puerto Rico	4292	4963	15.7	56.0
卡塔尔	Qatar				
韩国	Republic of Korea	64760	62870	-2.9	64.5
摩尔多瓦	Republic of Moldova	3444	3865	12.2	11.8
留尼旺	Réunion	910	984	8.2	39.2
罗马尼亚	Romania	63660	69291	8.8	30.1

附录3-12　续表 5　continued 5

国家或地区	Country or Area	2000年森林面积（平方公里）Forest Area in 2000 (km²)	2020年森林面积（平方公里）Forest Area in 2020 (km²)	比2000年增减（%）% Change since 2000 (%)	2020年森林面积占陆地总面积的比例（%）Forest Area as A Proportion of Total Land Area in 2020 (%)
俄罗斯联邦	Russian Federation	8092685	8153116	0.7	49.8
卢旺达	Rwanda	2870	2760	-3.8	11.2
圣巴特岛	Saint Barthélemy	2	2		8.5
圣海伦娜	Saint Helena	20	20		5.1
圣基茨和尼维斯	Saint Kitts and Nevis	110	110		42.3
圣卢西亚	Saint Lucia	210	208	-1.1	34.0
圣马丁(法国部分)	Saint Martin (French part)	12	12		24.8
圣皮埃尔和密克隆	Saint Pierre and Miquelon	17	12	-26.9	5.3
圣文森特和格林纳丁斯	Saint Vincent and the Grenadines	285	285		73.2
萨摩亚	Samoa	1713	1617	-5.6	57.1
圣马力诺	San Marino	10	10		16.7
圣多美和普林西比	Sao Tome and Principe	584	519	-11.1	54.1
沙特阿拉伯	Saudi Arabia	9770	9770		0.5
塞内加尔	Senegal	88532	80682	-8.9	41.9
塞尔维亚	Serbia	24600	27227	10.7	31.1
塞舌尔	Seychelles	337	337		73.3
塞拉利昂	Sierra Leone	29294	25349	-13.5	35.1
新加坡	Singapore	170	156	-8.5	22.0
荷属圣马丁	Sint Maarten (Dutch part)	4	4		10.9
斯洛伐克	Slovakia	19014	19259	1.3	40.1
斯洛文尼亚	Slovenia	12330	12378	0.4	61.5
所罗门群岛	Solomon Islands	25376	25230	-0.6	90.1
索马里	Somalia	75150	59800	-20.4	9.5
南非	South Africa	177781	170501	-4.1	14.1
南苏丹	South Sudan	71570	71570		11.3
西班牙	Spain	170939	185722	8.6	37.2
斯里兰卡	Sri Lanka	21664	21130	-2.5	34.2
巴勒斯坦	State of Palestine	91	101	11.7	1.7
苏丹	Sudan	218262	183596	-15.9	9.9
苏里南	Suriname	153409	151963	-0.9	97.4
斯瓦尔巴群岛	Svalbard and Jan Mayen Islands				
瑞典	Sweden	281630	279800	-0.6	68.7

附录3-12 续表 6 continued 6

国家或地区	Country or Area	2000年森林面积（平方公里）Forest Area in 2000 (km^2)	2020年森林面积（平方公里）Forest Area in 2020 (km^2)	比2000年增减 (%) % Change since 2000 (%)	2020年森林面积占陆地总面积的比例 (%) Forest Area as A Proportion of Total Land Area in 2020 (%)
瑞士	Switzerland	11962	12691	6.1	32.1
叙利亚	Syrian Arab Republic	4321	5221	20.8	2.8
塔吉克斯坦	Tajikistan	4100	4238	3.4	3.1
泰国	Thailand	189980	198730	4.6	38.9
东帝汶	Timor-Leste	9491	9211	-3.0	61.9
多哥	Togo	12685	12093	-4.7	22.2
托克劳	Tokelau				
汤加	Tonga	90	90		12.4
特立尼达和多巴哥	Trinidad and Tobago	2367	2282	-3.6	44.5
突尼斯	Tunisia	6679	7027	5.2	4.5
土耳其	Turkey	201484	222204	10.3	28.9
土库曼斯坦	Turkmenistan	41270	41270		8.8
特克斯和凯科斯群岛	Turks and Caicos Islands	105	105		11.1
图瓦卢	Tuvalu	10	10		33.3
乌干达	Uganda	31630	23379	-26.1	11.7
乌克兰	Ukraine	95100	96900	1.9	16.7
阿拉伯联合酋长国	United Arab Emirates	3094	3173	2.5	4.5
英国	United Kingdom	29540	31900	8.0	13.2
坦桑尼亚	United Republic of Tanzania	536700	457450	-14.8	51.6
美国	United States of America	3035360	3097950	2.1	33.9
美属维尔京群岛	United States Virgin Islands	205	199	-2.7	56.9
乌拉圭	Uruguay	13690	20310	48.4	11.6
乌兹别克斯坦	Uzbekistan	29615	36897	24.6	8.4
瓦努阿图	Vanuatu	4423	4423		36.3
委内瑞拉	Venezuela (Bolivarian Republic of)	491510	462309	-5.9	52.4
越南	Viet Nam	117841	146431	24.3	47.2
沃利斯和富图纳群岛	Wallis and Futuna Islands	58	58	0.3	41.6
西撒哈拉	Western Sahara	6693	6651	-0.6	2.5
也门	Yemen	5490	5490		1.0
赞比亚	Zambia	470540	448140	-4.8	60.3
津巴布韦	Zimbabwe	183660	174446	-5.0	45.1

附录3-13 海洋保护区(2020)
Protected Marine Areas (2020)

国家或地区	Country or Area	保护区面积 (平方公里) Protected marine area (Exclusive Economic Zones) (km^2)	保护区面积占海洋区域的比例(%) Coverage of protected areas in relation to marine areas (Exclusive Economic Zones) (%)	海洋生物多样性重要区域的保护区平均覆盖率(%) Average proportion of Marine Key Biodiversity Areas (KBAs) covered by protected areas (%)
阿尔巴尼亚	Albania	318	2.8	70.7
阿尔及利亚	Algeria	88	0.1	76.6
美属萨摩亚	American Samoa	9		14.3
安哥拉	Angola	24		66.6
安圭拉	Anguilla	32	0.0	13.4
安提瓜和巴布达	Antigua and Barbuda	325	0.3	29.1
阿根廷	Argentina	127449	11.8	42.3
阿鲁巴	Aruba	0		23.9
澳大利亚	Australia	3035630	40.8	64.6
阿塞拜疆	Azerbaijan	345	0.4	
巴哈马	Bahamas	47355	7.9	30.3
巴林	Bahrain	95	1.2	
孟加拉国	Bangladesh	4530	5.4	34.5
巴巴多斯	Barbados	10	0.0	2.9
比利时	Belgium	1270	36.7	94.0
伯利兹	Belize	3994	11.0	31.2
贝宁	Benin			0.0
百慕大	Bermuda	0		4.0
荷兰加勒比区	Bonaire, Sint Eustatius and Saba	25112	100.0	73.5
布韦岛	Bouvet Island	14		
巴西	Brazil	985042	26.8	66.5
英属印度洋领地	British Indian Ocean Territory	642271	99.9	100.0
英属维尔京群岛	British Virgin Islands	3		9.9
文莱	Brunei Darussalam	52	0.2	5.4
保加利亚	Bulgaria	2852	8.1	99.7
佛得角	Cabo Verde	5		14.1
柬埔寨	Cambodia	691	1.4	51.0
喀麦隆	Cameroon	1602	10.9	
加拿大	Canada	766405	13.5	35.6
开曼群岛	Cayman Islands	93	0.1	31.5
智利	Chile	1506506	41.2	29.9

资料来源：联合国可持续发展目标数据库。
Sources: UNSD Sustainable Development Goals Database.

附录3-13 续表 1 continued 1

国家或地区	Country or Area	保护区面积 (平方公里) Protected marine area (Exclusive Economic Zones) (km^2)	保护区面积占海洋区域的比例 (%) Coverage of protected areas in relation to marine areas (Exclusive Economic Zones) (%)	海洋生物多样性重要区域的保护区平均覆盖率(%) Average proportion of Marine Key Biodiversity Areas (KBAs) covered by protected areas (%)
中国香港	China, Hong Kong			32.5
圣诞岛	Christmas Island	1		62.9
科科斯群岛	Cocos (Keeling) Islands	26	0.0	100.0
哥伦比亚	Colombia	125437	17.2	54.8
科摩罗	Comoros	620	0.4	13.0
刚果	Congo	1280	3.2	65.4
库克群岛	Cook Islands	1981931	100.0	44.8
哥斯达黎加	Costa Rica	15062	2.6	48.7
科特迪瓦	Côte d'Ivoire	127	0.1	97.9
克罗地亚	Croatia	4987	9.0	81.7
古巴	Cuba	14089	3.9	70.1
塞浦路斯	Cyprus	8472	8.6	49.6
朝鲜	Democratic People's Republic of Korea	26	0.0	
刚果民主共和国	Democratic Republic of the Congo	31	0.2	
丹麦	Denmark	18408	18.3	87.0
吉布提	Djibouti	12	0.2	
多米尼加	Dominica	10	0.0	
多米尼加共和国	Dominican Republic	48625	18.0	81.4
厄瓜多尔	Ecuador	144123	13.4	70.3
埃及	Egypt	11716	5.0	43.0
萨尔瓦多	El Salvador	666	0.7	46.6
赤道几内亚	Equatorial Guinea	730	0.2	100.0
爱沙尼亚	Estonia	6825	18.8	97.7
福克兰群岛	Falkland Islands (Malvinas)	52	0.0	13.5
法罗群岛	Faroe Islands	29	0.0	16.7
斐济	Fiji	11959	0.9	16.5
芬兰	Finland	9526	12.0	60.7
法国	France	173159	50.4	81.9
法属圭亚那	French Guiana	1365	1.0	54.3
法属波利尼西亚	French Polynesia	207		
法属南部领地	French Southern Territories	1658647	72.8	81.8
加蓬	Gabon	55721	28.8	63.7

附录3-13 续表 2 continued 2

国家或地区	Country or Area	保护区面积 (平方公里) Protected marine area (Exclusive Economic Zones) (km^2)	保护区面积占海洋区域的比例 (%) Coverage of protected areas in relation to marine areas (Exclusive Economic Zones) (%)	海洋生物多样性重要区域的保护区平均覆盖率(%) Average proportion of Marine Key Biodiversity Areas (KBAs) covered by protected areas (%)
冈比亚	Gambia	137	0.6	40.3
格鲁吉亚	Georgia	153	0.7	35.6
德国	Germany	25580	45.4	77.0
加纳	Ghana	219	0.1	19.6
希腊	Greece	22326	4.5	85.5
格陵兰	Greenland	102254	4.5	29.7
格林纳达	Grenada	26	0.1	30.2
瓜德鲁普	Guadeloupe	90959	99.9	85.9
关岛	Guam	37	0.0	3.5
危地马拉	Guatemala	1065	0.9	48.7
格恩西	Guernsey	33	0.4	
几内亚	Guinea	583	0.5	69.3
几内亚比绍	Guinea-Bissau	9574	9.0	50.7
圭亚那	Guyana	26	0.0	
海地	Haiti			29.3
赫德岛和麦克唐纳岛	Heard Island and McDonald Islands	70454	16.9	100.0
洪都拉斯	Honduras	10070	4.6	41.0
冰岛	Iceland	3170	0.4	15.2
印度	India	3928	0.2	19.2
印度尼西亚	Indonesia	181865	3.1	25.5
伊朗	Iran (Islamic Republic of)	1809	0.8	68.0
爱尔兰	Ireland	9944	2.3	81.9
以色列	Israel	12	0.0	14.8
意大利	Italy	52465	9.7	76.0
牙买加	Jamaica	1860	0.8	26.6
日本	Japan	332691	8.2	67.1
泽西岛	Jersey	185	6.3	
约旦	Jordan	1	1.0	
哈萨克斯坦	Kazakhstan	1249	1.1	
肯尼亚	Kenya	857	0.8	43.1
基里巴斯	Kiribati	408797	11.8	32.9
科威特	Kuwait	162	1.4	32.1

附录3-13 续表 3 continued 3

国家或地区	Country or Area	保护区面积 (平方公里) Protected marine area (Exclusive Economic Zones) (km^2)	保护区面积占海洋区域的比例(%) Coverage of protected areas in relation to marine areas (Exclusive Economic Zones) (%)	海洋生物多样性重要区域的保护区平均覆盖率(%) Average proportion of Marine Key Biodiversity Areas (KBAs) covered by protected areas (%)
拉脱维亚	Latvia	4632	16.0	96.2
黎巴嫩	Lebanon	41	0.2	12.6
利比里亚	Liberia	256	0.1	96.7
利比亚	Libya	2278	0.6	
立陶宛	Lithuania	1568	25.6	83.4
马达加斯加	Madagascar	11018	0.9	20.3
马来西亚	Malaysia	7438	1.7	13.7
马尔代夫	Maldives	581	0.1	
马耳他	Malta	4147	7.4	89.5
马绍尔群岛	Marshall Islands	5388	0.3	7.8
马提尼克	Martinique	47905	100.0	96.7
毛里塔尼亚	Mauritania	6488	4.2	37.2
毛里求斯	Mauritius	50		11.1
马约特岛	Mayotte	112513	100.0	82.5
墨西哥	Mexico	707956	21.6	61.9
密克罗尼西亚	Micronesia, Federated States of	475	0.0	1.6
摩纳哥	Monaco	284	99.8	
黑山	Montenegro	5	0.1	17.8
蒙特塞拉特	Montserrat			9.0
摩洛哥	Morocco	1904	0.7	43.3
莫桑比克	Mozambique	9763	1.7	75.4
缅甸	Myanmar	2457	0.5	19.2
纳米比亚	Namibia	9646	1.7	83.0
荷兰	Netherlands	17247	26.9	96.6
新喀里多尼亚	New Caledonia	1320501	96.3	63.6
新西兰	New Zealand	1249399	30.4	47.1
尼加拉瓜	Nicaragua	7597	3.4	49.9
尼日利亚	Nigeria	31	0.0	
纽埃	Niue	4		
诺福克岛	Norfolk Island	189084	43.7	52.9
北马里亚纳群岛	Northern Mariana Islands	247322	32.0	47.9
挪威	Norway	14214	1.5	55.1
阿曼	Oman	664	0.1	7.1
巴基斯坦	Pakistan	1707	0.8	14.6

附录3-13 续表 4 continued 4

国家或地区	Country or Area	保护区面积 (平方公里) Protected marine area (Exclusive Economic Zones) (km^2)	保护区面积占海洋区域的比例(%) Coverage of protected areas in relation to marine areas (Exclusive Economic Zones) (%)	海洋生物多样性重要区域的保护区平均覆盖率(%) Average proportion of Marine Key Biodiversity Areas (KBAs) covered by protected areas (%)
帕劳	Palau	608173	100.0	72.3
巴拿马	Panama	5593	1.7	23.5
巴布亚新几内亚	Papua New Guinea	3344	0.1	1.9
秘鲁	Peru	4037	0.5	51.6
菲律宾	Philippines	21269	1.2	38.0
皮特凯恩	Pitcairn	839649	100.0	56.6
波兰	Poland	7211	22.6	87.3
葡萄牙	Portugal	289974	16.8	68.3
波多黎各	Puerto Rico	3195	1.8	36.7
卡塔尔	Qatar	733	2.3	60.0
韩国	Republic of Korea	7979	2.5	38.7
留尼旺	Réunion	41	0.0	79.8
罗马尼亚	Romania	6866	23.1	88.6
俄罗斯联邦	Russian Federation	228247	3.0	23.6
圣巴托洛缪岛	Saint Barthélemy	4244	98.3	75.7
圣赫勒拿	Saint Helena	902497	54.8	50.0
圣基茨岛和尼维斯	Saint Kitts and Nevis	408	4.0	51.7
圣露西亚	Saint Lucia	34	0.2	26.2
法属圣马丁	Saint Martin (French Part)	1031	96.4	89.1
圣皮埃尔和密克隆	Saint Pierre and Miquelon	7	0.1	1.6
圣文森特和格林纳丁斯	Saint Vincent and the Grenadines	80	0.2	26.3
萨摩亚	Samoa	191	0.1	54.2
圣多美和普林西比	Sao Tome and Principe	35	0.0	82.5
沙特阿拉伯	Saudi Arabia	5495	2.5	25.3
塞内加尔	Senegal	1766	1.1	25.3
塞舌尔	Seychelles	439997	32.8	71.9
塞拉利昂	Sierra Leone	863	0.5	33.3
新加坡	Singapore	0	0.0	3.3
荷属圣马丁	Sint Maarten (Dutch part)	43	8.7	6.4
斯洛文尼亚	Slovenia	4	2.3	62.4
所罗门群岛	Solomon Islands	1879	0.1	3.2
南非	South Africa	224640	14.6	46.6
南乔治亚岛和南桑德韦奇岛	South Georgia and the South Sandwich Islands	1233453	85.3	0.0

附录3-13　续表 5　continued 5

国家或地区	Country or Area	保护区面积 (平方公里) Protected marine area (Exclusive Economic Zones) (km^2)	保护区面积占海洋区域的比例(%) Coverage of protected areas in relation to marine areas (Exclusive Economic Zones) (%)	海洋生物多样性重要区域的保护区平均覆盖率(%) Average proportion of Marine Key Biodiversity Areas (KBAs) covered by protected areas (%)
西班牙	Spain	128316	12.8	85.7
斯里兰卡	Sri Lanka	399	0.1	50.0
苏丹	Sudan	10662	16.0	48.0
苏里南	Suriname	1981	1.5	74.2
斯瓦尔巴岛和扬马延岛	Svalbard and Jan Mayen Islands	82674	7.6	67.3
瑞典	Sweden	23830	15.4	60.2
叙利亚	Syrian Arab Republic	25	0.3	
泰国	Thailand	5774	1.9	47.5
东帝汶	Timor-Leste	583	1.4	19.6
多哥	Togo	31	0.2	
托克劳群岛	Tokelau	10		
汤加	Tonga	390	0.1	19.2
特立尼达和多巴哥	Trinidad and Tobago	37	0.1	8.5
突尼斯	Tunisia	1042	1.0	39.6
土耳其	Turkey	270	0.1	3.8
土库曼斯坦	Turkmenistan	2332	3.0	
特克斯和凯科斯群岛	Turks and Caicos Islands	150	0.1	27.5
图瓦卢	Tuvalu	214	0.0	
乌克兰	Ukraine	4606	3.4	30.7
阿拉伯联合酋长国	United Arab Emirates	6281	11.5	48.6
英国	United Kingdom	319101	44.1	85.3
坦桑尼亚	United Republic of Tanzania	7330	3.0	52.1
美国	United States of America	3210916	37.4	31.8
美属维尔京群岛	United States Virgin Islands	177	0.5	31.5
乌拉圭	Uruguay	979	0.8	53.8
瓦努阿图	Vanuatu	48	0.0	3.3
委内瑞拉	Venezuela (Bolivarian Republic of)	16500	3.5	32.6
越南	Viet Nam	3630	0.6	23.9
西撒哈拉	Western Sahara	513	0.2	
也门	Yemen	2562	0.5	30.6

附录四、主要统计指标解释

APPENDIX IV.
Explanatory Notes
on Main Statistical Indicators

主要统计指标解释

一、自然状况

年平均气温 气温指空气的温度，我国一般以摄氏度为单位表示。气象观测的温度表是放在离地面约1.5米处通风良好的百叶箱里测量的，因此，通常说的气温指的是离地面1.5米处百叶箱中的温度。计算方法：月平均气温是将全月各日的平均气温相加，除以该月的天数而得。年平均气温是将12个月的月平均气温累加后除以12而得。

年平均相对湿度 相对湿度指空气中实际水气压与当时气温下的饱和水气压之比，通常以(%)为单位表示。其统计方法与气温相同。

全年降水量 降水量指从天空降落到地面的液态或固态(经融化后)水，未经蒸发、渗透、流失而在地面上积聚的深度，通常以毫米为单位表示。计算方法：月降水量是将该全月各日的降水量累加而得。年降水量是将该年12个月的月降水量累加而得。

全年日照时数 日照时数指太阳实际照射地面的时数，通常以小时为单位表示。其统计方法与降水量相同。

二、水环境

水资源总量 指当地降水形成的地表和地下产水总量，即地表产流量与降水入渗补给地下水量之和。

地表水资源量 指河流、湖泊、冰川等地表水体逐年更新的动态水量，即当地天然河川径流量。

地下水资源量 指地下饱和含水层逐年更新的动态水量，即降水和地表水入渗对地下水的补给量。

地表水与地下水资源重复计算量 指地表水和地下水相互转化的部分，即天然河川径流量中的地下水排泄量和地下水补给量中来源于地表水的入渗补给量。

供水总量 指各种水源提供的包括输水损失在内的水量之和。

地表水源供水量 指地表水工程的取水量，按蓄水工程、引水工程、提水工程、调水工程四种形式统计。

地下水源供水量 指水井工程的开采量，按浅层淡水、深层承压水和微咸水分别统计。

其他水源供水量 包括再生水厂、集雨工程、海水淡化设施供水量及矿坑水利用量。

用水总量 指各类河道外用水户取用的包括输水损失在内的毛水量之和。不包括海水直接利用量以及水力发电、航运等河道内用水量。

农业用水 包括耕地和林地、园地、牧草地灌溉，鱼塘补水及牲畜用水。

工业用水 指工矿企业在生产过程中用于制造、加工、冷却、空调、净化、洗涤等方面的用水，按新水取用量计，不包括企业内部的重复利用水量。

生活用水 包括城镇生活用水和农村生活用水。城镇生活用水由城镇居民生活用水和公共用水（含第三产业及建筑业等用水）组成；农村生活用水指农村居民生活用水。

人工生态环境补水 仅包括人为措施供给的城镇环境用水和部分河湖、湿地补水，而不包括降水、径流自然满足的水量。

工业废水排放量 指报告期内经过企业厂区所有排放口排到企业外部的工业废水量。包括生产废水、外排的直接冷却水、超标排放的矿井地下水和与工业废水混排的厂区生活污水，不包括外排的间接冷却水(清污不分流的间接冷却水应计算在废水排放量内)。

工业废水治理设施数 指调查年度企业用于防治水污染和经处理后综合利用水资源的实有设施（包括构筑物）数，以一个废水治理系统为单位统计。附属于设施内的水治理设备和配套设备不单独计算。备用的、调查年度未运行的、已经报废的设施不统计在内。

工业废水治理设施处理能力 指调查年度企业内部的所有废水治理设施具有的废水处理能力。

工业废水治理设施运行费用 指调查年度企业维持废水治理设施运行所发生的费用。包括能源消耗、设备维修、人员工资、管理费、药剂费及与设施运行有关的其他费用等。

三、海洋环境

二类水质海域面积 符合国家海水水质标准中二类海水水质的海域，适用于水产养殖区、海水浴场、人体直接接触海水的海上运动或娱乐区、以及与人类食用直接有关的工业用水区。

三类水质海域面积 符合国家海水水质标准中三类海水水质的海域，适用于一般工业用水区。

四类水质海域面积 符合国家海水水质标准中四类海水水质的海域，仅适用于海洋港口水域和海洋开发作业区。

劣四类水质海域面积 劣于国家海水水质标准中四类海水水质的海域。

四、大气环境

工业二氧化硫排放量 指调查年度调查对象在生产过程中排入大气的二氧化硫总质量，包括有组织排放量和无组织排放量。工业中二氧化硫主要来源于化石燃料（煤、石油等）的燃烧，还包括含硫矿石的冶炼或含硫酸、磷肥等生产的工业废气排放。

工业氮氧化物排放量 指调查年度调查对象在生产过程中排入大气的氮氧化物总质量，包括有组织排放量和无组织排放量。

工业颗粒物排放量 指调查年度调查对象在生产过程中排入大气的烟尘及工业粉尘的总质量之和，包括有组织排放量和无组织排放量。

工业废气排放量 指报告期内企业厂区内燃料燃烧和生产工艺过程中产生的各种排入空气中含有污染物的气体的总量，以标准状态（273K，101325Pa）计。

工业废气治理设施数 指调查年度企业用于减少排向大气的污染物或对污染物加以回收利用的废气治理设施总数，以一个废气治理系统为单位统计。包括除尘、脱硫、脱硝及其他的污染物的烟气治理设施。备用的、调查年度未运行的、已报废的设施不统计在内。

工业废气治理设施运行费用 指调查年度维持废气治理设施运行所发生的费用。包括能源消耗、设备折旧、设备维修、人员工资、管理费、药剂费及与设施运行有关的其他费用等。

五、固体废物

一般工业固体废物产生量 指当年全年调查对象实际产生的一般工业固体废物的量。一般工业固体废物指企业在工业生产过程中产生且不属于危险废物的工业固体废物。

一般工业固体废物综合利用量 指调查年度企业通过回收、加工、循环、交换等方式，从固体废物中提取或者使其转化为可以利用的资源、能源和其他原材料的固体废物量（包括当年利用的往年工业固体废物累计贮存量）。如用作农业肥料、生产建筑材料、筑路、用作充填回填材料等。综合利用量由原产生固体废物的单位统计。

一般工业固体废物处置量 指调查年度企业将工业固体废物焚烧和用其他改变工业固体废物的物理、化学、生物特性的方法，达到减少或者消除其危险成分的活动，或者将工业固体废物最终置于符合环境保护规定要求的填埋场的活动中，所消纳固体废物的量（包括当年处置的往年工业固体废物贮存量）。

危险废物产生量 指调查年度调查对象实际产生的危险废物的量，包括利用处置危险废物过程中二次产生的危险废物的量。危险废物指列入国家危险废物名录或者根据国家规定的危险废物鉴别标准和鉴别方法认定的具有危险特性的废物。按《国家危险废物名录》（2016）填报。

危险废物利用处置量 指调查年度调查对象从危险废物中提取物质作为原材料或者燃料的活动中消纳危险废物的量，以及将危险废物焚烧和用其他改变危险废物物理、化学、生物特性的方法，达到减少或者消除其危险成分的活动，或者将危险废物最终置于符合环境保护规定要求的填埋场的活动中，所消纳危险废物的量。包括本单位自行处置利用的本单位产生和接收外单位危险废物量。

六、自然生态

自然保护区 指保护典型的自然生态系统、珍稀濒危野生动植物种的天然集中分布区、有特殊意义的自然遗迹的区域。具有较大面积，确保主要保护对象安全，维持和恢复珍稀濒危野生动植物种群数量及赖以生存的栖息环境。

耕地 指利用地表耕作层种植农作物为主，每年种植一季及以上（含以一年一季以上的耕种方式种植多年生作物）的土地，包括熟地，新开发、复垦、整理地，休闲地（含轮歇地、休耕地）；以及间有零星果树、桑树或其他树木的耕地；包括南方宽度＜1.0 米，北方宽度＜2.0 米固定的沟、渠、路和地坎(埂)；包括直接利用地表耕作层种植的温室、大棚、地膜等保温、保湿设施用地。

园地 指种植以采集果、叶、根、茎、枝、汁等为主的集约经营的多年生木本和草本作物，覆盖度大于 50%和每亩株数大于合理株数 70%的土地。包括用于育苗的土地。

林地 指生长乔木、竹类、灌木的土地。不包括生长林木的湿地，城镇、村庄范围内的绿化林木用地，铁路、公路征地范围内的林木，以及河流、沟渠的护堤林用地。

草地 指生长草本植物为主的土地，包括乔木郁闭度＜0.1 的疏林草地、灌木覆盖度＜40%的灌丛草地，不包括生长草本植物的湿地。

湿地 指陆地和水域的交汇处，水位接近或处于地表面，或有浅层积水，且处于自然状态的土地。

城镇村及工矿用地 指城乡居民点、独立居民点以及居民点以外的工矿、国防、名胜古迹等企事业单位用地，包括其内部交通、绿化用地。

交通运输用地 指用于运输通行的地面线路、场站等的土地。包括民用机场、汽车客货运场站、港口、码头、地面运输管道和各种道路以及轨道交通用地。

水域及水利设施用地 指陆地水域、沟渠、水工建筑物等用地。不包括滞洪区。

七、林业

森林面积 包括郁闭度 0.2 以上的乔木林地面积和竹林面积，国家特别规定的灌木林地面积、农田林网以及村旁、路旁、水旁、宅旁林木的覆盖面积。

人工林面积 指由人工播种、植苗或扦插造林形成的生长稳定，(一般造林 3-5 年后或飞机播种 5-7 年后)每公顷保存株数大于或等于造林设计植树株数 80%或郁闭度 0.20 以上(含 02.0)的林分面积。

森林覆盖率 指以行政区域为单位森林面积占区域土地总面积的百分比。计算公式：

$$森林覆盖率=\frac{森林面积}{土地总面积}\times 100\%$$

活立木总蓄积量 指一定范围土地上全部树木蓄积的总量，包括森林蓄积、疏林蓄积、散生木蓄积和四旁树蓄积。

森林蓄积量 指一定森林面积上存在着的林木树干部分的总材积。

造林面积 指在宜林荒山荒地、宜林沙荒地、无立木林地、疏林地和退耕地等其他宜林地上通过人工措施形成或恢复森林、林木、灌木林的过程。

人工造林 指在宜林荒山荒地、宜林沙荒地、无立木林地、疏林地和退耕地等其他宜林地上通过播种、植苗和分植来提高森林植被覆被率的技术措施。

飞播造林 通过飞机播种，并辅以适当的人工措施，在自然力的作用下使其形成森林或灌草植被，提高森林植被覆被率或提高森林植被质量的技术措施。

封山育林 对宜林地、无立木林地、疏林地或低质低效有林地、灌木林地实施封禁并辅以人工促进手段，使其形成森林或灌草植被或提高林分质量的一项技术措施。包括无林地和疏林地封育、有林地和灌木林地封育、新造林地封育。

退化林修复 为改善林分的活力和结构，有效遏制防护林退化，提高林分质量和恢复森林功能，对结构失调和稳定性降低、功能退化甚至丧失且自然更新能力弱的林分采取的结构调整、树种替换、补植补播、嫁接复壮等森林经营措施。

人工更新造林 指在采伐迹地、火烧迹地、林中空地上通过人工造林重新形成森林的过程。

天然林保护工程 是我国林业的“天”字号工程、一号工程,也是投资最大的生态工程。具体包括三个层次:全面停止长江上游、黄河上中游地区天然林采伐；大幅度调减东北、内蒙古等重点国有林区的木材产量；同时保护好其他地区的天然林资源。主要解决这些区域天然林资源的休养生息和恢复发展问题。

退耕还林还草工程 是我国林业建设上涉及面最广、政策性最强、工序最复杂、群众参与度最高的生态建设工程。主要解决重点地区的水土流失问题。

三北和长江流域等重点防护林体系建设工程 三北和长江中下游地区等重点防护林体系建设工程,是我国涵盖面最大、内容最丰富的防护林体系建设工程。具体包括三北防护林四期工程、长江中下游及淮河太湖流域防护林二期工程、沿海防护林二期工程、珠江防护林二期工程、太行山绿化二期工程和平原绿化二期工程。主要解决三北地区的防沙治沙问题和其他区域各不相同的生态问题。

京津风沙源治理工程 环北京地区防沙治沙工程,是首都乃至中国的"形象工程",也是环京津生态圈建设的主体工程。虽然规模不大,但是意义特殊。主要解决首都周围地区的风沙危害问题。

八、自然灾害及突发事件

滑坡 指斜坡上不稳定的岩土体在重力作用下沿一定软弱面(或滑动带)整体向下滑动的物理地质现象。

崩塌 指陡坡上大块的岩土体在重力作用下突然脱离母体崩落的物理地质现象。

泥石流 指山地突然爆发的饱含大量泥沙、石块的特殊洪流。

地面塌陷 指地表岩、土体在自然或人为因素作用下向下陷落，并在地面形成塌陷坑(洞)的一种动力地质现象。

突发环境事件 指突然发生，造成或可能造成重大人员伤亡、重大财产损失和对全国或者某一地区的经济社会稳定、政治安定构成重大威胁和损害，有重大社会影响的涉及公共安全的环境事件。

九、环境投资

环境污染治理投资 指在工业污染源治理和城镇环境基础设施建设的资金投入中，用于形成固定资产的资金。包括工业新老污染源治理工程投资、当年完成环保验收项目环保投资，以及城镇环境基础设施建设所投入的资金。

十、城市环境

道路长度 指道路长度和与道路相通的桥梁、隧道的长度，按车行道中心线计算。

城市桥梁 指为跨越天然或人工障碍物而修建的构筑物。包括跨河桥、立交桥、人行天桥以及人行地下通道等。

排水管道长度 指所有市政排水总管、干管、支管、检查井及连接井进出口等长度之和。

供水总量 指报告期供水企业(单位)供出的全部水量。包括有效供水量和漏损水量。。

供水普及率 指报告期末城区用水人口数与城市人口总数的比率。计算公式:

供水普及率=城区用水人口数/（城区人口+城区暂住人口）×100%

城市污水处理能力 指污水处理厂(或污水处理装置)每昼夜处理污水量的设计能力。

供气管道长度 指报告期末从气源厂压缩机的出口或门站出口至各类用户引入管之间的全部已经通气、投入使用的管道长度。不包括新安装尚未使用，煤气生产厂、输配站、液化气储存站、灌瓶站、储配站、气化站、混气站、供应站等厂(站)内，以及用户建筑物内的管道。

供气总量 指报告期燃气企业(单位)向用户供应的燃气数量。包括销售量和损失量。

燃气普及率 指报告期末城区使用燃气的城市人口数与城市人口总数的比率。其中燃气包括人工煤气、天然气、液化石油气三种。计算公式为:

燃气普及率=城区用气人口数/（城区人口+城区暂住人口）×100%

城市供热能力　指供热企业(单位)向城市热用户输送热能的设计能力。

城市供热总量　指在报告期供热企业(单位)向城市热用户输送全部蒸汽和热水的总热量。

城市供热管道长度　指从各类热源到热用户建筑物接入口之间的全部蒸汽和热水的管道长度。不包括各类热源厂内部的管道长度。

生活垃圾清运量　指报告期收集和运送到各生活垃圾处理厂(场)和生活垃圾最终消纳点的生活垃圾数量。生活垃圾指城市日常生活或为城市日常生活提供服务的活动中产生的固体废物以及法律行政规定的视为城市生活垃圾的固体废物。包括：居民生活垃圾、商业垃圾、集市贸易市场垃圾、清扫街道和公共场所的垃圾、机关、学校、厂矿等单位的生活垃圾。

生活垃圾无害化处理率　指报告期生活垃圾无害化处理量与生活垃圾产生量的比率。在统计上，由于生活垃圾产生量不易取得，可用清运量代替。计算公式为：

$$\text{生活垃圾无害化处理率}=\frac{\text{生活垃圾无害化处理量}}{\text{生活垃圾产生量}}\times 100\%$$

城市绿地面积　指报告期末用作园林和绿化的各种绿地面积。包括公园绿地、防护绿地、广场用地、附属绿地和位于建成区范围内的区域绿地面积。

公园绿地　向公众开放，以游憩为主要功能，兼具生态、景观、文教和应急避险等功能，有一定游憩和服务设施的绿地。

十一、农村环境

卫生厕所　指有完整下水道系统的水冲式、三格化粪池式、净化沼气池式、多翁漏斗式公厕以及粪便及时清理并进行高温堆肥无害化处理的非水冲式公厕。

累计使用卫生公厕户数　指农民因某种原因没有兴建自己的卫生厕所，而使用村内卫生公厕户数。

Explanatory Notes on Main Statistical Indicators

Ⅰ. Natural Conditions

Annual Average Temperature Temperature refers to the average air temperature on a regular basis, generally expressed in centigrade in China. Thermometers used for meteorological observation are placed in well-ventilated shelters about 1.5 meters above the ground. Therefore, the commonly used temperature refers to the temperature in the shelter 1.5 meters above the ground. The calculation method is as follows: The summation of daily average temperature of one month divided by the actual days of that month represents the monthly average temperature. The summation of monthly average temperature of a year divided by 12 represents the annual average temperature.

Annual Average Relative Humidity Humidity refers to the ratio of actual vapour pressure in the air to the saturation water vapour pressure at the current temperature, usually expressed in percentage terms. The calculation method is the same as that of average temperature.

Annual Precipitation Precipitation refers to the depth of water in liquid state or solid state (thawed), falling from atmosphere onto the ground without being evaporated, percolating or running off. It is usually expressed in millimeters. The calculation method is as follows: The monthly precipitation is obtained by the sum of daily precipitation of the month, and the annual precipitation is the sum of monthly precipitation of the 12 months of the year.

Annual Sunshine Hours Sunshine hours refer to the actual hours of sun irradiating the earth, usually expressed in hours. The calculation method is the same as that of the precipitation.

Ⅱ. Freshwater Environment

Total Water Resources refers to total volume of surface water and groundwater which is from the local precipitation and is measured as the summation of run-off for surface water and recharge of groundwater from local precipitation.

Surface Water Resources refers to total volume of yearly renewable water flow which exist in rivers, lakes, glaciers and other surface water, and are measured as the natural run-off of local rivers.

Groundwater Resources refers to total volume of yearly renewable water flow which exist in saturation aquifers of groundwater, and are measured as recharge of groundwater from local precipitation and surface water.

Duplicated Amount of Surface Water and Groundwater refers to the part of mutual transfer between surface water and groundwater, i.e. which is the run-off of rivers includes some depletion into groundwater while groundwater includes recharge from surface water.

Water Supply refers to gross water supplied by various sources, including losses during distribution.

Surface Water Supply refers to withdrawals through the surface water supply system, which can be divided into four categories: storage, flow, pumping and transfer project.

Groundwater Supply refers to withdrawals from supplying wells, which can be divided into three categories: shallow layer freshwater, deep confided freshwater and slightly brackish water.

Other Water Supply include supplies by water reclamation plants, rainwater collection projects, seawater desalinization facilities and the consumption of mine water.

Total Water Use refers to gross water used by various off-stream water users, including losses during distribution, while excluding the direct use of seawater and in-stream water use such as hydroelectric generation and shipping.

Water Use for Agriculture includes uses of water for irrigation of cultivated land, forest land, garden land and grass land, replenishment of fishing farms and water used for livestock raising.

Water Use for Industry refers to water use by industrial and mining enterprises in the production process of manufacturing, processing, cooling, air conditioning, cleansing, washing, etc. Only including new withdrawals of water, excluding reuse of water within enterprise.

Water Use for Households and Service includes water use in both urban and rural areas. Urban water use is composed of households use and public use (including tertiary industry and construction). Rural water use refers to households use.

Water Use for Artificial Eco-environment only includes the artificially supplied water used for urban environment and the artificial replenishment of some rivers, lakes and wetlands. The amount of water supplied by precipitation and runoff is not included.

Waste Water Discharged by Industry refers to the volume of waste water discharged by industrial enterprises through all their outlets, including waste water from production process, directly cooled water, groundwater from mining wells which does not meet discharge standards and sewage from households mixed with waste water produced by industrial activities, but excluding indirectly cooled water discharged (It should be included if the discharge is not separated with waste water).

Number of Industrial Wastewater Treatment Facilities refers to the number of existing facilities (including constructions) for the prevention and control of water pollution and the comprehensive utilization of treated water in enterprises over the year of the survey, a wastewater treatment system as a unit. The subsidiary water treatment equipments and ancillary equipments are not calculated separately. It excludes the standby facilities, facilities not running during the year of survey and the scrapped facilities.

Treatment Capacity of Industrial Wastewater Treatment Facilities refers to the actual capacity of the wastewater treatment of internal wastewater treatment facilities in enterprises over the year of the survey.

Expenditure of Industrial Wastewater Treatment Facilities refers to the costs of maintaining wastewater treatment facilities in enterprises over the year of the survey. It includes energy consumption, equipment maintenance, staff wages, management fees, pharmacy fees and other expenses associated with the operation of the facility.

Ⅲ. Marine Environment

Sea Area with Water Quality at Grade Ⅱ refers to marine area meeting the national quality standards for Grade II marine water, suitable for marine cultivation, bathing, marine sport or recreation activities involving direct human touch of marine water, and for sources of industrial use of water related to human consumption.

Sea Area with Water Quality at Grade Ⅲ refers to marine area meeting the national quality standards for Grade III marine water, suitable for water sources of general industrial use.

Sea Area with Water Quality at Grade Ⅳ refers to marine area meeting the national quality standards for Grade IV marine water, only suitable for harbors and ocean development activities.

Sea Area with Water Quality Inferior to Grade Ⅳ refers to marine area where the quality of water is worse than the national quality standards for Grade IV marine water.

Ⅳ. Atmospheric Environment

Industrial Sulphur Dioxide Emission refers to the total volume of sulphur dioxide emitted into the atmosphere in the production processes of enterprises over the year of the survey, which includes the organized emissions and the unorganized emissions. Industrial sulfur dioxide comes mainly from the combustion of fossil fuels (coal, oil, etc.), but also includes industrial emissions in sulphide of smelting and in sulfate or phosphate fertilizer producing.

Industrial Nitrogen Oxide Emission refers to the total volume of nitrogen oxide emitted into the atmosphere in the production processes of enterprises over the year of the survey, which includes the organized emissions and the unorganized emissions.

Industrial Particulate Matter Emission refers to the total volume of soot and industrial dust emitted into the atmosphere in the production processes of enterprises over the year of the survey, which includes the organized emissions and the unorganized emissions.

Industrial Waste Gas Emission refers to the total volume of pollutant-containing gas emitted into the atmosphere in the fuel combustion and production processes within the area of the factory in the reporting period in standard conditions (273K, 101325Pa).

Number of Industrial Waste Gas Treatment Facilities refers to the total number of waste gas treatment facilities for reducing or recycling pollutants in enterprises over the year of the survey, a waste gas treatment system as a unit. It includes flue gas treatment facilities of dust removal, desulfurization, denitration and other pollutants. It excludes the standby facilities, facilities not running during the year of survey and the scrapped facilities.

Expenditure of Industrial Waste Gas Treatment Facilities refers to the running costs of the waste gas treatment facilities to maintain over the year of the survey. It includes energy consumption, equipment depreciation, equipment maintenance, staff wages, management fees, pharmacy fees and other expenses associated with the operation of the facility.

Ⅴ. Solid Waste

Common Industrial Solid Wastes Generated refers to the amount of common industrial solid wastes the surveyed units actual generated over the year. The common industrial solid wastes refers to the industrial solid wastes that are generated during the industrial process and are not hazardous wastes..

Common Industrial Solid Wastes Utilized refers to amount of solid wastes from which useable materials can be extracted or converted into usable resources, energy or other materials through reclamation, processing, recycling and exchange (including utilizing in the year the stocks of industrial solid wastes of the previous year) generated by surveyed units over the year of the survey, e.g. being used as agricultural fertilizers, building materials, material for paving road or as backfill material. The information should be measured as the unit of generating wastes.

Common Industrial Solid Wastes Disposed refers to the amount of industrial solid wastes disposed, which covers the amount of previous years, through incineration or other methods to change its physical, chemical and biological properties to reduce or eliminate the hazards or land filled in the sites following the requirements for environmental protection by surveyed units over the year of the survey.

Hazardous Wastes Generated refers to the amount of actual hazardous wastes generated by surveyed units over the year of the survey, which is covered secondary generation during the process of disposal and reuse of hazardous wastes. Hazardous waste refers to those listed in the National Hazardous Wastes catalogue or identified as any one of the hazardous properties in light of the national hazardous wastes identification standards and methods. It should be reported following the National Catalogue of Hazardous Wastes (2016 Version).

Hazardous Wastes Integrated Utilized and Disposed refers to the amount of hazardous wastes that are used to extract materials for raw materials or fuel over the year of the survey, and the amount of hazardous wastes which are incineration or specially disposed using other methods to change its physical, chemical and biological properties and thus to reduce or eliminate the hazards, or placed ultimately in the sites following the requirements for environmental protection over the year of the survey. It includes the hazardous wastes generated by the enterprise itself and received from other enterprises.

Ⅵ. Natural Ecology

Nature Reserves refer to the area that protect typical natural ecosystems, natural concentrated distribution of rare and endangered wild animal and plant species, and natural relics of special significance. It has a large area to ensure the safety of the main protected objects, and to maintain and restore the quantity of rare and endangered wild animals and plants and their habitats.

Cultivated Land refers to the land that mainly for the regular cultivation of farm crops by using the surface tillage layer, planting more than one harvest a year (including perennial crops cultivated by more than one harvest a year), including cultivated land, newly-developed land, reclaimed land, consolidated land, fallow; It covers the land with some fruit trees, mulberry trees and others; It also covers fixed ditch, canal, road and sill (ridge) with width less than 1 meter in the South and 2 meters in the North; It covers the land for thermal insulation and moisturizing facilities such as greenhouse, greenhouse and plastic film planted directly by surface tillage layer.

Garden Land refers to land for intensive cultivation of perennial woody plants and herbs to collect fruits, leaves, roots, stems, branches and juice, with a coverage rate over 50% and plant number over 70% of rational plant number per mu. Land for nursery is included.

Forest Land refers to land for planting arbor, bamboo, bush shrub. It does not include the wetland where trees grow, the land for greening trees within the scope of towns and villages, the forest within the scope of railway and highway land acquisition, the land for revetment forest of rivers and ditches.

Grassland refers to land mainly for the growth of herbaceous forage crops. It includes sparse forest grassland with tree canopy density less than 0.1, shrub grassland with shrub coverage less than 40%, excluding wetlands with herbaceous plants.

Wetland refers to the land at the intersection of land and water, where the water level is close to or on the ground surface, or there is shallow ponding and is in a natural state.

Land for Urban, Rural, Industrial and Mining Activities refer to urban and rural residential areas, independent residential areas, and the land used by enterprises and institutions such as industrial and mining, national defense and scenic spots outside residential areas, including their internal traffic and greening land.

Land Used for Transport refers to the land for ground lines, stations, etc. used for transportation. It includes civil airport, automobile passenger and freight transport station, port, wharf, ground transportation pipeline, various roads and rail transit land.

Land Used for Water and Water Conservancy Facilities refers to land for water areas, ditches, hydraulic structures, etc. Flood detention area is not included.

Ⅶ. Forestry

Forest Area refers to the area of trees and bamboo grow with a canopy density above 0.2 degree, the area of shrubby tree according to regulations of the government, area of land under agroforestry and the area of trees planted by the side of villages, farm houses and along roads and rivers.

Area of Planted Forests refer to the area of stable growing forests, planted manually or by airplanes, with a survival rate of 80% or higher of the designed number of trees per hectare, or with a canopy density of 0.20 degree or above (after 3-5 years of manual planting or 5-7 years of airplane planting).

Forest Coverage Rate refers to the ratio of forest area to the total land area within the administrative region. The formula is as follows:

Forest Coverage Rate = Forest Area / Area of Total Land×100%

Total Stock Volume of Living Trees refers to the total stock volume of trees accumulated on a certain area of land, including trees in forest, tress in sparse forest, scattered wood and trees planted by the side of villages, farm houses and along roads and rivers.

Stock Volume of Forest refers to total stock volume of timber of tree trunk in a given forest area..

Area of Afforestation refers to the total area of land suitable for afforestation, including barren hills, idle land, sand dunes, non-timber forest land, woodland and “grain for green” land, on which acres of forests, trees and shrubs are planted through manual planting.

Manual Planting refers to technical measures of sowing, planting seedlings and divided transplanting on land suitable for afforestation, including barren hills, idle land, sand dunes, non-timber forest land, woodland and “grain for green” land to increase vegetation coverage rate of forests.

Airplane Planting refers to technical measures of airplane planting with of appropriate artificial help taken under the influence of natural power to restore certain amount of seedlings on land suitable for afforestation, with an aim of increasing vegetation coverage rate of forests or improving forest quality.

Closed Hillsides for Afforestation is a technical measure by isolation with artificial means to form forest or shrub and grass or improve forest quality land, to the suitable area for forest, forest land without stumpage, sparse forest land, or low quality forest, shrub forest.

Restoration of Degraded Forest In order to improve the vitality and structure of forest, effectively control forest degradation, improve forest quality and restore forest function, management measures are taken to the forest of structural imbalance and stability reduction, function reduction or even loss and natural regeneration ability is weak, which include structural adjustment, species replacement, replanting sowing, grafting rejuvenation, etc.

Artificial Regeneration refers to forest reforming process in logging slash, slash burning, the glade through afforestation.

Project on Preservation of Natural Forests is the Number One ecological project in China’s forest industry that involves the largest investment. It consists of 3 components: 1) Complete halt of all cutting and logging activities in the natural forests at the upper stream of Yangtze River and the upper and middle streams of the Yellow River. 2) Significant reduction of timber production of key state forest zones in northeast provinces and in Inner Mongolia. 3) Better protection of natural forests in other regions through rehabilitation programs.

Projects on Converting Cultivated Land to Forests and Grassland (Grain for Green Projects) aiming at preventing soil erosion in key regions, these projects are ecological construction projects in the development of forest industry that have the widest coverage and most sophisticated procedures, with strong policy implications and most active participation of the people.

Projects on Protection Forests in North China and Yangtze River Basin covering the widest areas in China with a rich variety of contents, these projects aim at solving the problem of sand and dust in northeastern China, northern China and northwestern China and the ecological issues in other areas. More specifically, they include phase IV of project on North China protection forests, phase II of project on protection forests at the middle and lower streams of Yangtze River and at the Huihe River and Taihu Lake valley, phase II of project on coastal protection forests, phase II of project on Pearl River protection forests, phase II project on greenery of Taihang Mountain and phase II projects on greenery of plains.

Projects on Harnessing Source of Sand and Dust in Beijing and Tianjin these Beijing-ring projects aim at harnessing the sand and dust weather around Beijing and its vicinities. As the key to the development of Beijing-Tianjin ecological zone, these projects are of particular importance as it concerns the image of China's capital city and the whole country.

Ⅷ. Natural Disasters & Environmental Accidents

Landslides refer to the geological phenomenon of unstable rocks or earth on slopes sliding down along certain soft surface as a result of gravity.

Collapse refers to the geological phenomenon of large mass of rocks or earth suddenly collapsing from the mountain or cliff as a result of gravity.

Debris Flow refers to the sudden rush of flood torrents containing large amount of mud and rocks in mountainous areas.

Ground Collapse refers to the geological phenomenon of surface rocks or earth subsiding into holes or pits as a result of natural or human factors.

Abrupt Environmental Accidents refer to environmental emergencies that caused or likely to cause significant causalities, serious property damages and pose a major threat and damage to the economic, social or political stability of the country or a region, or have significant social impact that related to the public safety.

Ⅸ. Environmental Investment

Investment in Treatment of Environment Pollution refers to the fixed assets investment in the treatment of industrial pollution and in the construction of environment infrastructure facilities in cities and towns. It includes investment in treatment of industrial pollution, environment protection investment in environment protection acceptance project in this year, and investment in the construction of environment infrastructure facilities in cities and towns.

Ⅹ. Urban Environment

Length of Roads refers to the length of roads with paved surface, including bridges and tunnels connected with roads. Length of the roads is measured by the central lines.

Urban Bridges refer to bridges built to cross over natural or man-made barriers, including bridges over rivers, overpasses for traffic and for pedestrians, underpasses for pedestrians, etc.

Length of Urban Drainage Pipes refers to the total length of municipal general drainage, trunks, branch and inspection wells, connection wells, inlets and outlets, etc.

Volume of Water Supply refers to the total volume of water supplied by water-works (units) during the reference period, including both the effective water supply and loss during the water supply.

Water Coverage Rate refers to the ratio of the urban population with access to water supply to the total urban population at the end of reference period. The formula is:

Water Coverage Rate= Urban Population with Access to Water Supply / Urban Population ×100%

Treatment Capacity of Urban Waste Water refers to the designed 24-hour capacity of waste water disposal by the waste water treatment works or facilities.

Length of Gas Supply Pipelines refers to the total length of pipelines in use between the outlet of the compressor of gas-work or outlet of gas stations and the leading pipe of users, excluding pipelines newly installed but not in use yet, pipelines within gasworks, delivery stations, LPG storage stations, refilling stations, gas-mixing stations and supply stations, and pipelines in the users' buildings.

Volume of Gas Supply refers to the total volume of gas provided to users by gas-producing enterprises (units) during the reporting period, including the volume sold and the volume lost.

Gas Coverage Rate refers to the ratio of the urban population with access to gas to the total urban population at the end of the reference period. The formula is:

Gas Coverage Rate = Urban Population with Access to Gas / Urban Population × 100%

Heating Capacity in Urban Area refers to the designed capacity of heating enterprises (units) in supplying heating energy to urban users during the reference period.

Quantity of Heat Supplied in Urban Area refers to the total quantity of heat from steam and hot water supplied to urban users by heating enterprises (units) during the reference period.

Length of Heating Pipelines refers to the total length of steam or hot water pipelines for sources of heat to the leading pipelines of the buildings of the users, excluding internal pipelines in heat generating enterprises.

Domestic Garbage Collected and Transported refers to volume of domestic garbage collected and transported to disposal factories or sites during the reference period. Domestic garbage are solid wastes generated from urban households or from service activities for urban households, and solid wastes regarded as municipal domestic garbage according to the laws and administrative regulations, including those from households, commercial activities, markets, cleaning of streets, public sites, offices, schools, factories, mining units and other sources.

Rate of Domestic Garbage Harmless Treatment refers to the ratio of the volume of domestic garbage harmlessly treated to the volume of domestic garbage produced during the reference period. In practical statistics, as the volume of domestic garbage produced is difficult to obtain, it can be replaced by the volume of collected and transported. It is calculated as:

Rate of Domestic Garbage Harmless Treatment=

Volume of Domestic Garbage Harmlessly Treated / Volume of Domestic Garbage Produced×100%

Area of Parks and Green Space refers to the total area occupied for green projects at the end of the reference period, including public recreational green space, protection green land, land for squares, green land attached to institutions, and other green areas..

Public Recreational Green Space refers to green areas open to the public for amusement and rest with the facilities of amusement, rest and services. Its function also includes improving ecology, beautifying landscape, education and preventing and reducing disaster.

Ⅺ. Rural Environment

Sanitary Lavatories refer to lavatories with complete flushing and sewage systems in different forms, and lavatories without flushing and sewage system where ordure is properly disposed of through high-temperature deposit process for making organic manure.

Households Using Public Lavatories refer to the number of households using public sanitary lavatories in the village without building their private sanitary lavatories.